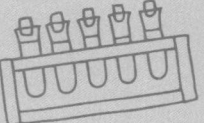

**과학자처럼 생각하는 법**

초판 1쇄 발행   2025년 8월 22일

지은이   박재용
펴낸이   서재필

펴낸곳   마인드빌딩
출판등록   2018년 1월 11일 제2024-000136호
이메일   mindbuilders@naver.com

낙낙은 마인드빌딩의 아동청소년 브랜드입니다.
ISBN 979-11-92886-99-2(43400)

• 책값은 뒤표지에 있습니다.
• 잘못된 책은 구입하신 곳에서 바꿔드립니다.

> 마인드빌딩에서는 여러분의 투고 원고를 기다리고 있습니다. 출판하고 싶은 원고가 있는 분은 mindbuilders@naver.com으로 기획 의도와 간단한 개요를 연락처와 함께 보내주시기 바랍니다.

과학자처럼 생각하는 법

사실에서 진실을 찾는 방법

박재용 지음

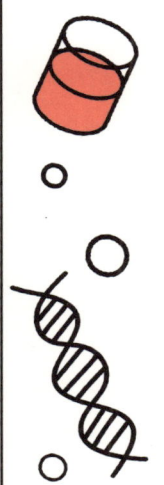

과학적으로 안다는 건 과연 무엇일까?
무엇을 안다고 하는 것은 어쩌면 모르는 것이
늘어난다는 것과 동일한 의미일지도 모릅니다.

여는 글

여러분은 자라서 무엇이 되고 싶은가요? 이 질문에 빠짐없이 등장하는 대답 중 하나가 과학자입니다. 요즘에는 좀 더 구체적으로 생명공학자, 물리학자, 데이터 사이언티스트 등을 꿈꾸는 친구들도 있더군요. 과학자가 1위였던 적은 별로 없습니다만, 장래 희망 직업 10위 안에 늘 들어 있지요.

어릴 때 읽는 위인전에도 과학자는 빠지지 않습니다. 상대성 이론의 알버트 아인슈타인, 만유인력의 법칙 아이작 뉴턴, 노벨 물리학상과 화학상을 수상하며 세계 최초로 노벨상을 두 번이나 받은 마리 퀴리, 진화론의 찰스 다윈, 전자기 유도의 마이클 패러데이, 조선시대

최고의 과학자 장영실, 물리학의 전설 이휘소, 식물학자 우장춘, 나비박사 석주명.

이런 현상은 사회 분위기와도 무관하지 않습니다. 예를 들어 어떤 글을 '대단히 과학적이다'라고 평가한다면, 그 글의 주장이 옳다는 이야기와 그다지 다르게 들리지 않거든요. 또는 어떤 말에 대해 '비과학적'이라고 한다면, 근거가 별로 없거나 타당하지 않다는 뜻이기도 합니다. 아무래도 현대 사회에서 과학은 일종의 권위가 되었기 때문이겠지요. 그래서 다양한 영역에서 과학적으로 올바르다는 평가를 받기 위해 노력합니다. 심지어 종교마저도 신을 과학적으로 증명하려고 하지요.

과학이 이렇게 인정받게 된 것은 과학이 이룬 수많은 업적 덕분이기도 하지만, 과학자들이 대단히 엄격하게 참과 거짓을 판별하고 그 근거를 명확히 밝혀 온 전통의 결과이기도 합니다. 물론 현대 사회에서 과학을 빼놓고 이야기할 수 없을 만큼 과학이 큰 비중을 차지하게 된 것도 무시할 수 없는 이유겠지요.

그렇다면 과학자들은 어떻게 사물이나 현상을 관찰하고 판단하고 받아들일까요? 과학자들이 자신의 연구를 대하는 태도와 원칙은 무엇일까요? 흔히 이를 '과학적 방법론'이라 합니다. 이 책에서는 청소년이 이해하기 쉬운 다양한 예들을 통해 과학자들이 '과학적으로 생각하는 방법'을 여러분에게 소개합니다. 그리고 여러 가지 예시를 통해 사회현상이나 인간관계에서 이와 같은 과학적 방법론의 중요성을 알아보고자 합니다.

과학자처럼 생각하는 법이 무엇인지 잘 살펴보고, 여러분 주변에서 일어나는 다양한 일들에 조금씩 적용하다 보면 어느새 여러분도 과학자가 되어 있을 겁니다. 이 책이 부디 조금이라도 도움이 되길 바랍니다.

차례

여는 글 * 5

찬찬히 살펴보기

별 보러 가자 * 13
망원경으로 별을 보기까지 * 20
기준을 어떻게 잡을까? * 27
생각플러스 측정할 수 없는 것들 * 36

제대로 나누기

아리스토텔레스의 생물 분류 * 43
현대 생물학의 분류 * 51
나누면 드러나는 것들 * 58
생각플러스 본질적 차이와 부차적 차이 * 65

똑같이 해보기

연금술 * 73
똑같이 하기가 생각보다 어렵다고? * 80
재현이 안 되면 망한 걸까? * 87
생각플러스 디지털 트윈 * 94

진짜 원인 찾기

버드나무 껍질과 진통제 * 103
명탐정 코난 * 110

청개구리가 우는 이유 * 118
생각플러스 길고양이에 대한 과학적 분석 * 126

오류가 생기는 원인

개인 경험의 일반화 * 135
상관관계의 오해 * 144
인과관계의 복잡함 * 151
생각플러스 틀릴 수도 없는 주장 * 158

안다는 것

눈물을 안다? * 165
눈물을 안다는 건? * 172
다양한 측면을 보는 훈련 * 179
생각플러스 기후위기의 다면적 모습 * 185

과학이란 무엇일까

과학은 중립이 아니다 * 193
무엇을 연구할 것인지 누가 선택할까? * 201
과학은 앞으로 나아가는 일 * 209
생각플러스 절대적 진리가 있는지는 알 수 없지만 * 216

닫는 글 * 221
참고도서 * 224

찬찬히 살펴보기

제대로 보기 위해선
애정과 인내가 필요하다.

별 보러 가자

구름 없는 맑은 날 밤에 하늘을 보면 달과 함께 별이 드문드문 반짝입니다. 혹시 세어 본 적이 있나요? 만약 도시에 산다면 대개 몇 십 개, 많아야 백 개 조금 넘는 별을 볼 수 있지요. 겨울이라면 오리온자리를 이루는 사다리꼴 모양의 별들과 그 가운데에 나란히 늘어선 별 세 개 정도를 볼 수 있을 거예요.

'밤하늘을 찬란히 수놓은 별'이라는 표현을 많이 들어 보았지요? 하지만 우리가 보는 하늘의 별은 그 정도로 많지는 않아요. 우린 옛날에 비해 별을 보기 힘들다는 사실 자체를 잘 모릅니다. 왜냐하면 아주 어렸을 때부터 지금 보이는 별 정도만 보고 자랐기 때문이지요.

하지만 만약 기회가 되어 대관령이나 태백시, 혹은 서해의 작은 섬처럼 도시에서 아주 멀리 떨어진 곳에서 밤하늘을 보게 된다면 백배 천배 더 많은 별을 볼 수 있을 겁니다. '별을 본다는 건 이런 거구나' 감탄하면서 말이지요.

아주 먼 옛날, 지금으로부터 1만 년도 더 오래된 시절, 사람들은 밤마다 그런 별들을 보며 살았습니다. 처음에는 별 생각 없이 그냥 보았을 거예요. 하지만 나이가 들고 매년, 매월, 매일 하늘을 보면서 별에도 규칙이 있다는 걸 알게 됩니다. 봄에만 보이는 별도 있고, 가을에만 보이는 별도 있고, 1년 내내 보이는 별도 있었지요. 그리고 거의 모든 별이 매일 어제 떴던 곳에서 살짝 동쪽으로 옮겨와서 뜨는 것도 알아차리게 되었습니다.

이런 이야기를 노인들이 청년들에게, 어른들이 어린이들에게 별을 보며 전해 줍니다. 청년과 어린이들은 노인과 어른들이 들려준 이야기에 자신이 새로 발견한 걸 덧붙이지요. 별들이 조금씩 동쪽으로 이동해서 뜨더니 1년이 지나 다시 제자리로 돌아가더란 사실을 발견하기도 하고, 몇몇 별들은 다른 별들과 달리 궤도가 자기 멋대로 움직인다는 것도 알아냅니다. 이렇게 관찰한 것들이 선대에서 후대로 이어지고 쌓이면서, 사람들은 하늘의 별들에 대해 좀 더 많은 것을 알게 되고 규칙을 깨닫게 되었습니다. 저는 이런 관찰이 바로 과학의 시작이라고 생각합니다.

우리나라 같은 온대성 기후 지역에서는 365일을 주기로 봄, 여름, 가을, 겨울이 찾아온다는 사실도 알게 되고, 대만이나 동남아 같은 열대나 아열대 지역에서는 우기와 건기가 교차하며 지나간다는 것도 파악합니다. 그리고 이러한 계절의 변화가 별과 관련되어 있다는 것을 수천 년에 걸친 관찰을 통해 알게 됩니다.

이집트 사람들은 오랜 세월 하늘을 관찰한 결과 시리우스별이 하늘에 보이면 70일 정도 뒤에 나일강에 홍수가 나는 걸 알게 되었죠. 그 뒤로 이집트 사람들은 시리우스별이 동쪽에 뜨는 걸 보게 되면 홍수를 대비하게 되었습니다.

 이런 관찰은 하늘의 별에 한정되지 않았습니다. 아직 농사를 짓기 전 옛사람들은 주로 사냥과 채집으로 먹을 걸 해결했습니다. 열매를 따고, 칡이나 연근 같은 뿌리와 줄기를 캐기도 하고, 강이나 바다에서 조개를 줍기도 했지요. 이 과정 또한 더디지만 계속되는 관찰로 이루어졌습니다.

 겨울이 되면 사냥할 동물을 발견하기도 힘들고, 식량이 될 열매도 찾기 힘들죠. 땅도 얼어서 파기 힘듭니다. 그러니 가을이 되면 겨우내 먹을 양식을 준비해야 합니다. 처음 열대지방에서 온대지방으로 옮겨온 선조들은 이런 사실을 몰라 많이들 굶어 죽기도 했을 겁니다. 여러 번의 시행착오를 거치면서 선조들은 나뭇잎의 색이 변하면 곧 겨울이 닥친다는 걸 알았겠지요.

 사람들은 이제 분주해지기 시작합니다. 양이나 사슴, 야생 들소 등을 사냥해서 볕에 잘 말립니다. 숲에 들어가서 도토리나 밤, 잣, 호두 같은 견과류를 모으기도 했을 겁니다. 잘 말린 고기와 견과류는 겨우내 이들이 먹을 귀중한 식량이 되었겠죠.

봄이 오기 전에는 복수초, 매화 등이 먼저 꽃을 피웁니다. 선조들은 이 또한 계속되는 관찰을 통해서 알아차리고 봄을 준비하기 시작했지요.

계절에 대한 관찰 말고도 할 것이 많았습니다. 우리나라처럼 편서풍이 주로 부는 지역에선 공기의 흐름이 서쪽에서 동쪽으로 이어집니다. 그래서 아침에 무지개를 보면 비가 올 징조라고 했습니다. 아침에는 해가 동쪽에 뜨니 무지개는 반대편인 서쪽에 생깁니다. 무지개는 공기 중의 물방울이 많을 때 생기지요. 따라서 서쪽에 빗방울이나 수증기가 많다는 뜻이니 조금 뒤 비가 올 확률이 높은 것이지요. 또 제비가 낮게 날면 날이 흐리고 비가 오는 경우가 많았습니다. 제비가 주로 먹는 곤충이 저기압일 때 낮게 날기 때문이지요. 이런 일상의 관찰들은 속담이 되어 전해집니다. '아침 무지개는 비가 올 징조, 저녁 무지개는 맑을 징조', '제비가 낮게 날면 비가 온다.' 이런 식으로 말이지요.

 물론 처음 자연 현상을 보았을 때 선조들이 이와 같은 과학적 인과관계를 파악한 건 아니었습니다. 단지 어떤 일이 일어나면 그 다음에 이런 일이 일어나더라는 관찰이 전부였지요. 이유에 대해선 제대로 알지 못했습니다. 그래서 어떤 경우에는 신이 하는 일이라 여기기도 했고, 그럴듯한 이유를 만들기도 했지요. 이렇게 과학은 관찰로부터 시작됩니다.

이렇게 관찰한 것들이
선대에서 후대로
이어지고 쌓이면서,
사람들은 하늘의 별들에 대해
좀 더 많은 것을 알게 되고
규칙을 깨닫게 되었습니다.

이런 관찰이
바로 과학의 시작이라고
생각합니다.

망원경으로 별을 보기까지

 옛사람들만 사물이나 현상을 찬찬히 살펴본 것은 아닙니다. 현대 과학에서도 관찰은 굉장히 중요한 역할을 하지요. 현대인들이 옛사람들과 다른 점이 있다면, 새로운 기술을 동원해 살펴본다는 점입니다. 옛사람들은 그저 맨눈으로 별을 바라보았습니다. 그렇게 해서 별자리를 파악하고, 별의 궤도도 알아내는 등 다양한 성과를 올렸지요.
 하지만 망원경이 발명되자 이제 상황이 달라졌습니다. 갈릴레이는 망원경으로 밤하늘을 관찰한 최초의 인물이지요. 그는 망원경이 발명되기 전에는 도저히 볼 수 없었던 것들을 확인하고, 이를 통해 천동설 대신 지

동설이 최소한 천문학자들 사이에서 확고한 진실로 인정받는 데 큰 공헌을 했습니다.

갈릴레이가 망원경으로 관찰한 대표적인 현상은 네 가지인데, 그중 지동설을 확고하게 만든 건 두 가지입니다. 그는 먼저 목성의 위성 4개를 관측합니다. 지구 말고 다른 행성 주변을 도는 위성을 발견한 건 갈릴레이가 처음이에요. 칼리스토, 가니메데, 유로파, 이오, 이 네 위성은 달보다 크지만 목성이 너무 멀리 있어서 맨눈으로는 볼 수 없었으니까요. 당시 천동설에 따르면 모든 천체는 지구를 중심으로 공전을 해야 하는데, 이들 네 위성은 목성을 중심으로 공전을 하고 있었으니 천동설을 반박하는 중요한 증거가 되었습니다.

두 번째 발견은 금성의 위상 변화입니다. 천동설에 의하면 금성은 태양 바로 아래쪽에서 지구를 돕니다. 따라서 지구에서 보면 금성은 항상 태양보다 지구에 가깝지요. 이런 상태에서 금성이 태양빛을 아무리 많이 반사해도 그 형태는 반달이 최대입니다. 그믐달에서 반달 사이의 모양을 가질 수밖에 없지요.

하지만 지동설에 따르면 금성은 지구보다 안쪽에서 태양 주위를 도는데, 지구에서 볼 때 태양 반대쪽에 있을 때는 보름달 모양(망)이 됩니다. 따라서 금성의 보름달 모양을 관찰할 수 있으면 지동설의 확고한 증거가 됩니다.

한편, 금성이 태양 반대쪽에 있을 때는 지구와의 거리가 가장 멀어서 아주 작고, 또 태양이 뜨기 직전이나 지고 난 직후 어둠이 완전히 찾아오기 전에 관찰해야 해서 맨눈으로는 보기 힘들었습니다. 갈릴레이의 망원경은 이러한 금성의 모양도 보여 주었지요. 금성이 지구와 가까울 때는 큰 초승달이나 그믐달 모양으로, 멀 때는 작은 보름달 모양으로 보이는 것을 통해 갈릴레이는 지동설을 확고한 사실로 만듭니다.

그 외에도 갈릴레이는 태양의 흑점이 수평 방향으로 이동하는 현상을 통해 태양이 자전하고 있다는 것도, 달의 얼룩이 분화구인 것도 알아냈습니다. 물론 갈릴레이가 아주 훌륭한 과학자였기 때문이지만, 망원경이라는 도구가 없었다면 불가능했을지도 모르지요.

 망원경이 만들어지고 나서 조금 뒤에 네덜란드의 상인 레벤후크는 현미경을 발명합니다. 이 소식을 들은 영국의 로버트 훅도 조금 다른 형태의 현미경을 발명하지요. 레벤후크는 맨눈으로는 볼 수 없던 수많은 미생물을 현미경으로 발견합니다. 훅도 현미경으로 미생물을 발견하는데, 이를 《마이크로그라피아》라는 책으로 펴내 미생물학이라는 새로운 학문을 만듭니다. 훅은 또한 최초로 세포를 발견하지요.

 이들이 현미경으로 우리 눈에 보이지 않는 아주 작은 생물의 세계를 발견한 후, 많은 동물학자와 식물학자도 현미경으로 생물을 관찰하기 시작합니다. 현미경의 성능이 좋아질수록 볼 수 있는 것도 많아집니다. 동물의 근육세포, 신경세포, 표피세포를 관찰하고, 식물의 관다발 세포, 잎의 책상조직 세포, 해면조직 세포도 관찰하지요. 그리고 이들은 공통된 결론을 내립니다. 모든 생물은 세포로 이루어져 있다고 말이지요.

약 200년의 시간 동안 현미경을 통한 관찰은 동물과 식물, 미생물의 세계에 대해 더 많은 것을 알게 해주었습니다. 그리고 이런 성과들이 모여 동물학, 식물학, 미생물학으로 따로 떨어져 있던 개별 학문들이 생물학이라는 하나의 학문으로 통합되지요.

새로운 기술은 새로운 관찰로 이어지고, 이는 과학을 더 풍부하게 만듭니다. 19세기까지 오직 유리로만 만들어진 경통의 접안렌즈에 직접 눈을 대고 들여다봐야 했던 망원경과 현미경은 20세기에 들어서면서 다시 발전합니다.

20세기와 21세기에 걸쳐 망원경은 맨눈으로는 도저히 볼 수 없었던 빛의 영역에서 관찰을 합니다. X선, 자외선, 적외선, 전파 등 다양한 파장의 빛을 통해 우주를 관찰하지요. 더구나 허블 우주망원경이나 제임스 웹 망원경 등은 아예 지구를 벗어나 우주에서 직접 천체를 관찰합니다. 이를 통해 과학자들은 이전에는 잘 몰랐던 아주 먼 우주에서 일어나는 일도 더 상세하게 알 수 있게 되었지요.

현미경의 발전도 눈부십니다. 빛으로 볼 수 있는 물체에는 한계가 있었습니다. 세포를 예로 들면, 세포 내의 소기관 중 비교적 큰 핵이나 미토콘드리아 정도를 겨우 볼 수 있었지요. 하지만 전자현미경이 나오면서 이런 한계가 사라졌습니다. 세포 내 소기관의 상세한 내부 구조도 볼 수 있게 되었지요. 그리고 원자와 분자의 구조 또한 살펴볼 수 있게 되었습니다. 여기에 원자힘현미경 등 더 다양한 종류의 현미경으로 관찰의 영역을 넓혀 가고 있습니다. 생물을 이루는 다양한 분자들인 여러 종류의 단백질, DNA, RNA 등도 직접 관찰할 수 있게 되었습니다.

기술이 발전할수록 볼 수 있는 것이 늘어납니다. 더 자세히 더 많이 더 선명하게 볼수록 과학은 더 세밀해지고 더 확장됩니다. 기술의 발전이 어떻게 과학의 발달을 이끌었는지를 가장 잘 보여 주는 것이 관찰의 영역입니다.

새로운 기술은
새로운 관찰로 이어지고,
이는 과학을
더 풍부하게 만듭니다.

기술이 발전할수록
볼 수 있는 것이 늘어납니다.
더 자세히 더 많이
더 선명하게 볼수록
과학은 더 세밀해지고
더 확장됩니다.

기준을 어떻게 잡을까?

별을 보는 이야기를 계속하기로 하지요. 별에 대해 옛 사람들이 처음 알았던 것은 별이 뜨는 시간과 장소 등이었습니다. 즉 동짓날에 북쪽 하늘을 보면 북두칠성이 떠 있다는 것 정도였지요. 하지만 이 정도로는 뭔가 부족하다고 느꼈습니다. 12월 22일 자정에 정북에서 서쪽으로 10도 방향, 그리고 지평선에서 30도 각도에 해당하는 장소에서 북두칠성을 볼 수 있다(실제로는 아닙니다)고 하면 북두칠성의 위치를 좀 더 정확하게 나타낼 수 있습니다. 이렇게 숫자로 위치를 표시하면 누구든 12월 22일 자정에 그 장소에서 북두칠성을 관측할 수 있겠지요.

이와 같이 어떤 대상을 수치화하는 것은 객관화에 대단히 중요합니다. 매운맛에 대해 생각해 볼까요. 매운맛을 느끼는 정도는 사람마다 다릅니다. 친구는 불닭볶음면을 맛있게 먹을 수 있지만, 나는 진라면 매운맛도 겨우 먹습니다. 누군가에게는 아주 매운맛이, 다른 이에게는 별로 맵지 않다는 평가를 받기도 합니다. 이럴 때 매운맛의 정도를 수치로 나타낼 수 있다면, 각각의 음식들이 얼마나 매운지 객관적으로 판단할 수 있을 겁니다. 그래서 요사이 매운 라면들은 스코빌 지수(Scoville Heat Unit, SHU)를 써서 매운 정도를 나타냅니다. 예를 들어 신라면은 스코빌 지수가 3,400SHU인데 불닭볶음면은 4,404SHU로 약 30% 정도 더 높습니다. 이제 매운맛을 객관적으로 비교할 수 있겠지요?

이렇게 정확히 숫자로 나타내려면 기준이 필요합니다. 마찬가지로 별의 위치를 표시할 때에도 몇 가지 기준이 요구되지요. 먼저 북쪽을 정의합니다. 요즘은 북쪽이 어딘지 지도 애플리케이션으로 확인하지만, 예전에는 그런 게 있을 리 없었지요. 북쪽을 정의하는 가장 간단한 방법은 나침반을 쓰는 겁니다. 나침반 바늘의 N극이 가리키는 방향을 북으로 잡으면 되지요.

하지만 나침반은 2,000년 전 중국에서 발명되었고, 유럽에 전해진 것은 그로부터 한참 뒤입니다. 옛 서양 사람들은 나침반 없이 북쪽을 찾아야 했지요. 쓸 수 있는 방법은 태양이 가장 높이 떠오를 때 태양을 바라보고 서서 그 반대 방향을 북으로 잡는 것이었습니다. 태양의 높이는 매일 달라지지만, 가장 높이 떠오르는 정오의 방향은 항상 남쪽이니까요.

이렇게 북쪽이 정해졌지만 문제는 밤입니다. 태양이 뜨지 않으니 북쪽이 정확히 어딘지 모릅니다. 더구나 지구가 둥글기 때문에 지역에 따라 북쪽을 향하는 방향이 다 다른 것도 문제가 됩니다. 하지만 옛사람들은 한 가지 방법으로 이를 해결합니다. 북쪽에는 항상 북극성이 있다는 걸 발견한 것이죠. 이제 북쪽은 북극성이 있는 방향으로 정해졌습니다.

그런데 왜 하필이면 북쪽을 기준으로 삼은 걸까요? 이유는 서쪽과 동쪽에 뜨는 별은 지역에 따라 조금씩 달라지고, 계절에 따라서도 달라지기 때문입니다. 그리고 남쪽에 뜨는 별은 저위도에서는 보이는데 고위도에서는 보이지 않는 등의 문제가 있습니다. 유일하게 북쪽만 북극성이 항상 자리를 차지하고 있지요. 또 북극성은 북반구 어디서나 쉽게 볼 수 있습니다. 그래서 특히 밤에 방향을 정할 때 북쪽을 기준으로 잡는 것이 가장 적합한 방법이었던 것이지요.

이렇듯 관찰한 내용을 정확하게 나타내기 위해 숫자를 쓰려면 기준이 있어야 합니다. 하지만 기준 또한 과학이 발전하면 변하게 마련입니다. 예를 들면 1미터가 그러합니다. 세계 여러 곳에선 길이를 재기 위한 기준이 제각기 달랐습니다. 서양에선 인치나 피트를 주로 사용하였고, 우리나라에서는 자(尺)을 썼습니다. 그 외 큐빗이란 단위도 있습니다.

그런데 이런 단위들은 모두 사람의 발 크기나 인체

단위	길이(cm)	기준
1큐빗(cubit)	45.72cm(약 18인치)	팔꿈치에서 가운뎃손가락 끝까지의 길이
1인치(inch)	2.54cm	엄지손가락 너비
1피트(feet)	30.48cm(12인치)	성인 남성의 발 크기
1자(尺)	초기에는 19cm였으나 현재는 약 30cm	손을 쫙 폈을 때 엄지손가락 끝에서 가운뎃손가락 끝까지의 거리

의 일부 길이를 기준으로 삼았기 때문에 지역마다 조금씩 차이가 있었습니다. 사람들의 왕래가 적었던 시절에는 큰 문제가 되지 않았습니다만, 교류가 활발해지자 새로 기준을 정해야 한다는 소리가 높아졌죠. 그래서 나온 것이 지금 우리가 쓰고 있는 미터법입니다.

18세기 말 프랑스에서는 북극에서 적도까지의 거리의 천만분의 1, 즉 북극과 남극을 지나 지구를 한 바퀴 도는 길이의 4천만분의 1을 1미터로 정합니다. 이를 위해선 실제 북극에서 적도까지 길이를 재야 했지만 당시로선 거의 불가능에 가까운 일이라 일부 구간의 길이를 재어서 대신했습니다. 이 결과를 가지고 백금으로 1미터 길이의 원기(原器)를 만들었습니다. 이제 이 원기와 비교하면 어떤 물건이든 정확한 길이를 측정할 수 있는 거지요.

하지만 곧 문제가 생겼습니다. 우선 지구가 완전한 구가 아니라는 것이었습니다. 그래서 어디를 재는가에 따라 길이가 달라집니다. 그래도 이미 원기를 만들었으니 그걸 그냥 사용하면 될 텐데, 문제는 이 원기의 길이도 온도와 습도, 압력 등에 따라 아주 조금이지만 달라진다는 것이었습니다. 1미터 길이에서 겨우 1밀리미터도 되지 않는 변화지만, 과학과 기술이 발전하자 이 정도 차이도 굉장히 중요해졌습니다. 그래서 백금과 이리듐을 섞은 합금으로 미터 원기를 다시 만듭니다. 이전에 백금으로만 만들 때보다는 변화가 훨씬 작았지요. 19세기까지는 이 정도로 만족할 수 있었습니다.

20세기가 되자 상황이 변했습니다. 1밀리미터의 백분의 1, 만분의 1의 오차도 큰 문제가 될만큼 기술이 발전한 것이지요. 그런데 어떤 합금으로 제작을 해도 이런 정도의 오차는 피할 수 없었습니다. 그래서 아예 기준을 바꿨습니다. 1960년에 크립톤86 원자가 진공 상태에서 방출하는 주황색(오렌지색) 빛 파장의 165만 763.73배로 바꾼 것이죠. 하지만 이 또한 오차가 발생한다는 사실이 밝혀졌고, 결국 지금은 빛이 진공에서 2억 9979만 2458분의 1초 동안 진행한 거리를 1미터로 삼기로 했습니다.

 이렇듯 시간이 지날수록 기준도 점점 더 엄격해지고 있습니다. 이는 과학이 발달할수록 더 엄밀한 측정이 요구되고, 이런 요구는 더 정밀한 기준을 필요로 하기 때문입니다. 가령 우리가 옷 한 벌을 지을 때 옷감 길이가 1밀리미터 정도 차이 나는 건 큰 문제가 안 됩니다. 옷을 만들 때도 큰 문제가 없고 입어도 별 차이가 없으니까요.
 하지만 부품을 조립해서 휴대폰을 만들 때는 1밀리미터의 차이도 용납되지 않습니다. 그 차이로 빈틈이 생기면 방수가 되지 않고, 그 사이로 습기가 들어가 고장이 날 수도 있기 때문이지요. 반도체는 정밀함이 더욱 요구됩니다. 현재 반도체의 회로 선폭 중 가장 가는 것은 3나노미터입니다. 1나노미터는 백만분의 1밀리미터지요. 여기서는 1나노미터 차이가 제품의 불량을 결정하게 됩니다. 이렇듯 과학과 기술의 발달은 모든 곳에서 더 엄격한 기준을 요구하고 있습니다.

시간이 지날수록
기준도 점점 더
엄격해지고 있습니다.

이는 과학이 발달할수록
더 엄밀한 측정이 요구되고,
이런 요구는
더 정밀한 기준을
필요로 하기 때문입니다.

생각플러스
측정할 수 없는 것들

그런데 세상에는 측정할 수 없는 것도 있는 법입니다. 예를 들면 누군가를 좋아하거나 사랑하는 마음입니다. 자기가 상대방을 얼마나 사랑하는지 말할 때 흔히 이렇게 표현하지요.

"하늘만큼 땅만큼 사랑해."
"네 손으로 큰 동그라미를 그려 봐. 그 부분을 뺀 우주만큼 너를 사랑해."

닭살이 돋습니다만, 이렇게 표현하는 이유는 사랑에는 단위도 없고 기준도 없고 수치도 없기 때문 아닐까요? 사랑도 그렇지만 미움이나 증오, 연민 등 인간의 감정은 적어도 당분간은 측정할 수 없을 겁니다. 이렇게 객관화할 수 없는 것들은 아직은 과학의 영역 바깥에 자리하고 있습니다.

연인들이 서로 내가 더 사랑한다고 눈꼴신 사랑 싸움을 할 때, 과연 누가 그 사랑의 크기를 비교해서 객관적인 답을 내놓을 수 있을까요? 자신의 조국을 지키기 위해 기꺼이 총을 들고 전장으로 향하는 이와 아이를 구하기 위해 불에 뛰어드는 어머니의 사랑 중 어느 것이 더 크다고 감히 측정할 수 있는 사람이 있을까요?

어떤 이들은 감정 또한 뇌의 화학작용이라고 말합니다. 또는 물리적 작용의 결과라고도 합니다. 틀린 이야기는 아니지요. 뇌과학의 발달은 인간이 느끼는 감정에 대해 많은 것을 밝혀내고 있습니다. 뇌의 신경세포 말단에서 분비하는 화학물질에 의해 감정의 기초가 만들어지니까요.

사랑에 빠지면 도파민이라는 물질이 평소보다 더 많

이 분비됩니다. 또 뇌에서 일어나는 여러 전기적 신호가 감정의 근간을 이루기도 합니다. 사랑하는 사람을 보면 뇌파가 더 커지지요. 그러나 여기에는 빠진 부분이 있습니다. 화학작용에 기초하고 있긴 하지만 그게 전부는 아니라는 거지요.

예를 들면, 많은 이들이 같은 성(性)보다는 다른 성을 가진 사람에게 사랑의 감정을 품습니다. 이는 진화의 영향이 크다고 할 수 있습니다. 진화는 남녀 사이 혹은 암수 간의 짝짓기를 통한 번식과정이 잘 이루어지도록 여러 장치를 만들었고, 그중 하나가 이성에 대한 호감과 성적 관심이니까요.

그리고 이런 감정이 짝짓기에 유리한 시기, 즉 생식능력이 발달하는 2차 성징이 나타난 뒤에 더 강하게 일어나는 것도 진화의 영향이라 하겠습니다. 부모가 자식을 사랑하는 것도 아직 취약한 어린 새끼를 보호하는 본능을 가진 동물이 그렇지 않은 동물에 비해 더 많이 번식했기 때문이니, 이 또한 진화적 결과라 하겠습니다.

하지만 사랑이란 감정이 진화만으로 모두 설명되는 건 아닙니다. 폐지를 가득 실은 할머니의 리어카를 뒤에서 묵묵히 밀어 주는 사람들, 추운 겨울 노숙자에게 자신의 외투를 벗어 주는 이들, 자신의 생명이 위험한데도 불이 난 이웃집에 뛰어들어 생명을 구하는 사람들의 모습은 진화로만 설명하기엔 부족함이 많지요.

그래서 사랑에 대한 과학적 정의는 '아직 설명할 수 없음, 아직 측정할 수 없음'일지도 모르겠습니다. 여러분이 생각하는 사랑에 대한 과학적 정의는 무엇인가요?

제대로 나누기

정확히 나눈다는 것은
본질을 파악하는 일이다.

아리스토텔레스의 생물 분류

 바닷가 사람들은 물고기를 잡으며 삽니다. 어디에 사느냐에 따라, 또 계절에 따라 잡는 물고기 종류가 사뭇 다르지요. 전라남도 흑산도에선 홍어가 특산품입니다. 홍어 하면 어떤 이미지가 떠오르나요? 잘 삭은 홍어의 톡 쏘는 냄새, 혹은 연한 뼈가 오도독 씹히는 식감, 특이한 지느러미. 어찌 되었든 홍어는 다른 물고기와는 좀 다른 느낌이 들지요.

 알래스카에 사는 이누이트들은 주로 고래를 사냥합니다. 고래 한 마리를 잡으면 뼈와 가죽, 살과 지방 등 하나도 버리는 것 없이 알뜰히 씁니다. 한편 일본 사람들은 참치를 참 좋아하지요. 그래서 전 세계에서 잡히는 참치 중 가장 비싼 것들은 주로 일본에서 팔립니다. 우리나라도 참치를 좋아하지만 일본만큼은 아닙니다.

물고기만 잡는 건 아닙니다. 경남 통영에선 멍게비빔밥이 아주 인기지요. 한술 떠서 입에 넣으면 바다향이 가득 밀려 들어오는 느낌이 듭니다. 전라남도 진도는 전복으로 유명해요. 영양 만점에 맛도 좋은 전복죽은 어른들이 참 좋아하지요. 경상북도 영덕에선 영덕대게가 아주 인기입니다. 게맛살은 잘 삶은 대게살을 이길래야 이길 수가 없습니다. 새우는 또 얼마나 맛있습니까? 바지락도, 소라도 한 인기 합니다.

지금까지 이야기한 바다동물들을 쭉 나열해 볼까요? 홍어, 고래, 참치, 멍게, 전복, 게, 새우, 바지락, 소라…. 여러분은 이것들을 어떻게 나누겠습니까? 우선 홍어·고래·참치 등의 물고기 한 묶음, 나머지를 다시 게·새우의 갑각류 한 묶음, 멍게·전복·바지락·소라 등 조개와 비슷한 동물 한 묶음으로 해서 모두 세 부류로 나누지 않을까요?

옛사람들도 비슷하게 생각했습니다. 껍데기로 몸을 둘러싼 조개류, 다리가 10개인 갑각류, 지느러미로 헤엄치는 물고기로 나누었지요. 그런데 사실 생물학에서 보면 멍게는 전복이나 바지락보다 물고기와 훨씬 더 가깝습니다. 멍게는 물고기들과 함께 척삭동물문이란 집단에 속하지요. 물고기 세 종류 중에서 가장 거리가 먼 것은 무엇일까요? 홍어입니다. 홍어는 뼈가 물렁물렁한 연골어류에 속하거든요. 고래와 참치가 서로 가장 가깝지만, 고래는 참치보다는 코끼리와 더 가깝습니다.

사람들은 처음 동물을 구분할 때 우선 사는 장소를 기준으로 했습니다. 물에 살면 물고기, 땅에 살면 길짐승이라고 했지요. 그리고 다시 모양에 따라 나누었습니다. 바다동물을 다시 지느러미가 있는 물고기, 딱딱한 껍질이 특징인 조개, 겉에 딱딱한 껍질이 있고 10개의 다리로 움직이는 게나 새우, 이런 식으로 나누었지요. 또는 사람과의 관계에 따라 나누기도 했습니다. 사람이 기르면 가축, 기르지 못하는 동물은 들짐승, 이렇게요.

그런데 이런 식으로 나누면 원래 그 동물이 가진 특징을 제대로 이해하지 못하게 되는 경우가 생깁니다. 예를 들어 고래는 바다에 살지만, 다른 물고기와 달리 아가미로 숨을 쉬지 않고 폐로 숨을 쉽니다. 또 알을 낳지 않고 새끼를 낳고 젖을 먹여 키우지요. 고래의 몸 안에는 옛 조상의 네 발에 해당하는 뼈들이 숨어 있습니다. 그런 의미에서 고래는 물고기보다는 코끼리나 개, 인간과 더 가깝습니다. 또 닭은 같은 가축인 돼지보다는 비둘기랑 더 가깝지요. 이렇게 어떤 집단을 어떻게 나누는가는 사물을 이해하고 세계를 체계적으로 파악하는 첫걸음이라 볼 수 있습니다.

동물을 본질적인 측면에서 처음 제대로 구분한 사람은 고대 그리스의 자연철학자 아리스토텔레스입니다. 그는 겉모습보다 번식 과정과 내부 구조가 더 중요하다고 생각했지요. 그래서 동물을 나누는 첫 기준으로 피를 꼽았습니다. 붉은 피가 흐르는 동물은 그렇지 않은 동물보다 더 우월하다고 여겼지요. 붉은 피가 흐르는 동물은 다시 비둘기나 기러기 같은 새들, 소나 호랑이, 고래 같은 동물들, 그리고 도마뱀이나 뱀, 거북 같은 동물들, 개구리나 두꺼비, 참치나 멸치, 마지막으로 상어나 살모사 같은 동물로 나누었지요.

그중에서 가장 위에는 소, 호랑이, 고래가 놓입니다. 이들의 공통점은 알을 낳지 않고 사람처럼 새끼를 낳는다는 점이었습니다. 아리스토텔레스는 이들이 사람과 가까우니 가장 고등한 동물이라고 여겼지요. 고래는 그래서 물고기처럼 생겼지만 소나 호랑이와 같은 반열에 오릅니다. (실제로 고래는 이들과 함께 포유류에 해당하지요.)

두 번째 단계는 상어와 살모사 그리고 홍어와 가오리 등입니다. 이들의 공통점은 난태생이란 점입니다. 자궁이 없어 알을 낳지만, 엄마 몸속에서 부화시킨 뒤 몸 밖으로 내놓습니다. 알을 낳지만 몸 밖에 나올 때는 포유류 같은 새끼이니 두 번째인 겁니다.

세 번째는 새들과 도마뱀, 뱀, 거북 같은 파충류입니다. 이들은 크고 단단한 껍질을 가진 진짜 알을 육지에 낳는 동물들입니다.

마지막은 개구리나 두꺼비입니다. 이들의 생김새는 파충류와 비슷하지만, 물고기처럼 단단한 껍질도 없고 크기도 아주 작은 알을 물에 낳기 때문에 물고기와 함께 붉은 피를 가진 동물 중 맨 아래 단계에 놓습니다.

물론 지금의 생물학은 아리스토텔레스처럼 나누지 않습니다. 하지만 모습이나 기능 혹은 사람과의 관계가 아닌 기본적 특성을 기준으로 나눈다는 점에서 현대 생물학은 아리스토텔레스와 같은 입장이지요.

아리스토텔레스가 그와 같이 생물을 분류한 것은 세상을 제대로 이해하기 위해서였습니다. 그는 고대 그리스에서 가장 중요한 철학자 중 한 사람인 동시에 과학자이기도 합니다. 그에게는 세계를 합리적이고 체계적으로 이해하려는 원대한 목적이 있었고, 이를 생물의 세계에 반영한 결과가 앞서 이야기한 생물의 분류입니다.

그는 이런 분류를 바탕으로 생명의 사다리를 세웁니다. 맨 아래에는 암석이나 흙과 같은 무생물이 있습니다. 바로 그 위에는 식물이 있지요. 식물은 영양을 흡수하고 성장을 한다는 공통점이 있다는 이유였습니다. 식물 위에는 동물이 있지요. 동물은 영양 흡수와 성장도 하지만, 감각을 가지고 움직인다는 점에서 식물보다 고등한 존재라고 여겼습니다. 그리고 그 위에는 사람이 있습니다. 사람은 영양도 흡수하고 성장하며, 감각과 운동 능력도 가지고 있지만, 여기에 더해 이성을 가지고 있으므로 세계에서 가장 고등한 존재라고 생각했습니다.

아리스토텔레스는 생물을 그 본질을 가지고 나눔으로써 (자신이 생각하기에는) 각자가 세계에서 존재하는 위치를 정확히 알 수 있었던 것이지요.

어떤 집단을
어떻게 나누는가는
사물을 이해하고
세계를 체계적으로 파악하는
첫걸음이라 볼 수 있습니다.

아리스토텔레스가
그와 같이
생물을 분류한 것은
세상을 제대로 이해하기
위해서였습니다.

현대 생물학의 분류

아리스토텔레스의 분류는 1천년 이상 이어졌지만, 19세기에 들어서서 완전히 뒤집힙니다. 칼 폰 린네라는 스웨덴의 식물학자가 그 주인공이지요. 린네의 분류학에서 핵심은 번식입니다. 즉 짝짓기를 통해 후손을 볼 수 있고 그 후손도 번식할 수 있으면 둘은 같은 종(Species)입니다. 이를 통해 우리는 이 세상의 모든 개들은 같은 종이라는 걸 알 수 있습니다. 진돗개, 삽살개, 스피츠, 치와와, 닥스훈트 등은 생김새가 각각 다르지만, 모두 개라는 하나의 종에 속합니다.

 그 다음으로 짝짓기를 통해 후손을 볼 순 있지만 그 후손은 생식 능력이 없다면 같은 속(Genus)으로 분류

됩니다. 닭과 꿩은 교배를 통해 닭꿩이라는 후손을 볼 수 있지만, 이 닭꿩은 번식능력이 없습니다. 그래서 닭과 꿩은 종은 다르지만 모두 닭속(Gallus)에 속합니다. 사자와 호랑이도 교배를 하면 라이거가 태어나지만, 라이거는 대부분 번식능력이 없습니다. 그래서 사자와 호랑이는 다른 종이지만 같은 표범속(Panthera)입니다. 그리고 비교적 가까운 속들을 모아 과(Family)를 만들고, 다시 비슷한 과를 모아 목, 목을 모아 강, 강을 모아 문, 문을 모아 계를 이루었죠.

이때 분류 기준은 크게 두 가지입니다. 하나는 해부학적 구조이고, 두 번째는 발생과정입니다. 예를 들어 식물은 크게 민꽃식물과 꽃식물로 나누는데, 이는 꽃, 정확하게는 꽃가루와 밑씨로 번식을 하느냐, 아니면 포자로 번식을 하느냐로 나눕니다. 그리고 꽃이 피는 식물은 다시 밑씨를 씨방으로 감싸고 있는 속씨식물이냐, 아니면 밑씨가 겉으로 드러나는 겉씨식물이냐로 나누죠. 속씨식물은 다시 싹이 돋을 때 떡잎이 하나냐 둘이냐에 따라 외떡잎식물과 쌍떡잎식물로 나눕니다.

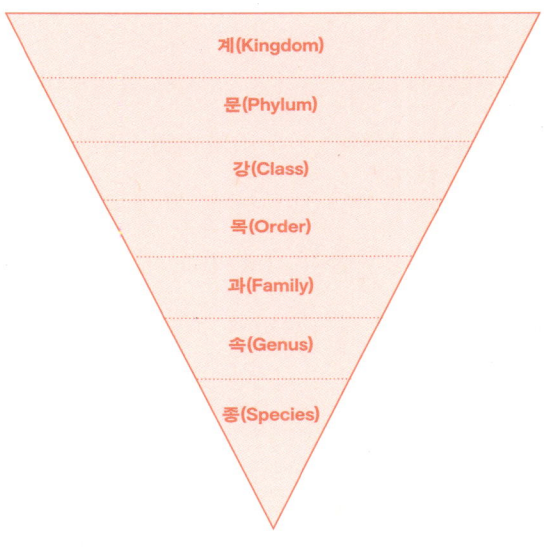

종속과목강문계

하지만 이런 분류 또한 20세기에 들어서면서 다시 바뀌게 됩니다. 여기에는 유전학의 발달이 큰 영향을 미쳤습니다. DNA염기서열을 분석할 수 있게 되자 유전적으로 누가 더 가까운지를 파악할 수 있게 된 것이지요. 흔히 침팬지와 고릴라가 더 가깝고 인간이 더 멀다고 생각하지요? 실제로는 침팬지와 인간이 더 가까운 사이이고, 고릴라가 오히려 더 멀다는 것이 유전자 조사로 드러납니다.

또한 DNA염기서열 조사로 유전적 측면뿐만 아니라 진화적 측면에 대해서도 알게 됩니다. 즉 침팬지나 고릴라, 오랑우탄과 인간 모두 공통 조상이 있었다고 해요. 그중에서 오랑우탄이 가장 먼저 떨어져 나왔고, 그다음으로 고릴라가 갈라집니다. 인간과 침팬지는 마지막까지 같은 종이었다가 약 500만 년~800만 년 전에 서로 갈라졌지요.

이렇게 처음에는 서로 큰 관련이 없던 진화학과 분류학 그리고 유전학은 20세기에 들어서면서 긴밀한 관계를 갖게 됩니다. 어찌 보면 당연하다고 할 수 있어요. 서로 공통 조상을 가진 상태에서 분화된 시기가 짧을수록 비슷한 해부학적 구조를 갖게 되고, 유전적 차이도 적을 수밖에 없으니까요.

또한 앞글에서 설명한 물고기의 분류도 현대 생물학이 보여주는 성과의 하나입니다. 우린 흔히 척추동물은 어류와 양서류, 파충류, 포유류, 조류로 나뉜다고 생각하지만 완전히 착각입니다. 척추동물은 크게 아래턱이 있는 동물과 없는 동물의 두 부류로 나뉩니다. 여러분이 아시는 대부분의 물고기와 육상 척추동물 즉 양서류, 파충류, 포유류, 조류가 전자에 속합니다.

한편 턱이 없는 척추동물은 많이 알려져 있지 않습니다. 흔히 꼼장어라 부르는 먹장어와 칠성장어가 대표적인 동물입니다. 이외에 고생대에 살다가 멸종한 갑주어도 여기에 속하지요. 그러니 장어라는 이름이 붙었다고 해도, 뱀장어 입장에서는 아래턱이 있는 인간이 먹장어보다 분류학적으로는 더 가깝다고 볼 수 있습니다.

그리고 아래턱이 있는 척추동물을 또 나누면 온몸의 뼈가 물렁뼈로만 구성된 동물과, 단단한 뼈를 가진 동물이 있습니다. 물렁뼈로만 된 동물을 연골어류라 하는데 상어, 홍어, 가오리 등이 해당합니다. 그리고 단단한 뼈를 가진 동물은 경골어류(우리가 아는 대부분의 물고기들)와 사지상강(육상 척추동물)으로 구성됩니다. 이러한 분류가 가능해진 이유는 해부학과 고생물학, 유전공학이 발달하면서 각 생물의 차이와 공통점을 좀 더 구체적으로 알 수 있게 되었기 때문입니다.

분류 방법이 더 치밀해지고 정확해지면서 새로운 사실도 드러납니다. 대표적인 예가 새입니다. 이전에는 육상 척추동물을 양서류, 파충류, 조류, 포유류, 이렇게 넷으로 나누었습니다. 그런데 DNA염기서열을 조사하고 화석을 해부학적으로 조사하다 보니, 새도 결국 공룡의 일종이라는 사실이 밝혀집니다. 파충류의 일종인 공룡은 사라진 것이 아니고 그중 한 부류인 조류로 계속 남아 있었던 것이지요.

또 다른 예로 멍게가 있습니다. 겉으로 보기에 멍게는 거북손이나 따개비처럼 생겼지만, 사실은 척삭동물[1]로 따개비보다는 오히려 인간에 더 가깝습니다. 또 거북손도 겉모습은 홍합이나 전복과 비슷하지만, 사실은 게나 새우와 같은 갑각류의 일종입니다. 겉으로 보이는 것과는 전혀 다르지요.

---

1 척삭동물은 몸 내부에 척삭이 있습니다. 척추동물은 자라면서 척삭이 사라지고 대신 척추가 생기지만, 멍게나 미더덕 등의 척삭동물은 척추가 만들어지지 않습니다.

처음에는
서로 큰 관련이 없던
진화학과 분류학 그리고 유전학은
20세기에 들어서면서
긴밀한 관계를 갖게 됩니다.

어찌 보면 당연하다고 할 수 있어요.
서로 공통 조상을 가진 상태에서
분화된 시기가 짧을수록
비슷한 해부학적 구조를 갖게 되고,
유전적 차이도 적을 수밖에
없으니까요.

나누면 드러나는 것들

제대로 나누는 것은 세계를 이해하기 위해 필수적인 일입니다. 여러분은 동물을 어떻게 나누나요? 인터넷에서 검색해 보면 많은 이들이 생각하는 동물의 분류를 알 수 있습니다. '동물의 분류'나 'classification of animals'라는 키워드로 이미지 검색을 해봅시다. 그 동물 이미지들을 먼저 척추동물과 무척추동물로 나눕니다. 척추동물은 다시 어류, 양서류, 파충류, 포유류, 조류로 나눕니다. 무척추동물은 절지동물, 연체동물, 극피동물, 선형동물, 해면동물 등으로 나눌 수 있지요. 그런데 이 방법이 과연 맞는 걸까요? 전혀 그렇지 않습니다.

척추동물과 무척추동물 대신 서울과 지방으로 나누

어 봅시다. 서울은 다시 강남구, 강북구, 관악구, 종로구 등으로 나눌 수 있습니다. 지방은 어떻게 나눌까요? 강원도, 전라남도, 대전광역시, 부산광역시, 이런 식으로 나누게 됩니다.

그런데 강남구와 강원도가 같은 위계를 가지고 있을까요? 전혀 아니지요. 강원도는 광역자치단체이고, 강남구는 기초자치단체입니다. 강원도와 비교하려면 강남구가 아니라 같은 광역자치단체인 서울과 비교를 해야겠지요.

동물의 세계도 마찬가지입니다. 척추동물은 모두 척색동물'문'에 속합니다. 무척추동물에 해당하는 분류는 없습니다. 마치 '지방'이 자치단체가 아닌 것처럼 말이지요. 대신 연체동물문, 절지동물문, 극피동물문처럼 척색동물문과 같은 위계를 가진 30개가 넘는 '문'들이 있습니다. 우리는 생물을 '종속과목강문계'로 나눕니다. 그중 동물은 동물계에 속하고, 동물계는 다시 여러 문으로 나뉩니다. 척색동물문, 연체동물문, 절지동물문,

이런 식으로요.

결국 동물에 대한 이해가 부족하여 우리 인간이 속한 척추동물과 나머지 동물을 나누었던 과거의 오류가 아직도 인터넷 검색에서 발견되는 것이지요. 하지만 제대로 나누면 동물의 세계가 얼마나 다양한지, 척추동물 그중에서도 인간이 속한 포유류는 동물 전체에서 차지하는 비중이 얼마나 작은지 드러나게 됩니다.

이와 비슷한 예로 성(sex)과 젠더(gender)가 있습니다. 예전에는 단순히 남성과 여성, 그리고 이성애자와 동성애자 정도로만 나누었지요. 하지만 지금은 많이 달라졌습니다. 일단 자신을 어떤 성별로 생각하느냐에 따라 시스젠더와 트랜스젠더로 나눕니다. 태어난 성 그대로를 자신의 성으로 받아들이면 시스젠더이고, 자신의 성을 타고난 성과 반대로 생각하면 트랜스젠더죠.

이외에 논바이너리도 있습니다. 남성과 여성의 정체성을 모두 갖고 있고 상황에 따라 다르게 나타나는 바이젠더, 남성성과 여성성이 결합된 상태인 안드로진,

자신이 남성이나 여성이 아닌 제3의 성이라고 생각하는 뉴트로이스, 성 정체성이 상황에 따라 물처럼 변하는 젠더플루이드[2] 등이 있습니다. 이처럼 시스젠더 이외의 다양한 성 정체성을 가진 이들을 젠더퀴어라고 하지요.

성 정체성과 함께 성적 지향도 다양하게 나타납니다. 성적 매력을 남성에게서 느끼는 남성애, 여성에게서 느끼는 여성애, 남성과 여성 모두에게서 느끼는 양성애, 그리고 어떤 성별에게도 성적 매력을 느끼지 않는 무성애 등 다양한 성적 지향이 있지요.

가령 남성이 남성애를 가지면 동성애라 하고, 여성이 남성애를 가지면 이성애라 합니다. 마찬가지로 여성이 여성에게 성적 매력을 느끼면 동성애가 되고, 남성이 여성에게 성적 매력을 느끼면 이성애가 되지요.

성 정체성은 자기 자신이 어떤 성으로 인식하는가의

---

[2] 이외에도 트랜스매스큘린, 트랜스페미닌, 데미젠더, 에이젠더, 젠더리스, 트라이젠더, 폴리젠더, 팬젠더 등 다양한 성 정체성을 가진 이들이 있습니다.

문제이고, 성적 지향은 어떤 이에게 성적 매력을 느끼는가의 문제이니, 완전히 다른 영역입니다. 하지만 둘을 이렇게 구분하게 된 것은 20세기가 되어서야 가능했지요. 그리고 성 정체성과 성적 지향을 합하면 대단히 다양한 젠더가 존재한다는 사실이 밝혀집니다. 단순히 동성애와 이성애로만 나눌 수 없다는 거지요.

과학의 발달도 이에 기여한 부분이 있습니다. 생물학적으로 보았을 때 남성이라고 해서 모두 같은 남성이 아닙니다. 흔히 남성의 성 염색체를 XY라고 표현합니다. X염색체 하나와 Y염색체 하나를 가지면 남성이라는 뜻이지요. 하지만 실제로는 남성 정체성을 가지는 이들에는 XY, XXY, XYY 등 다양한 유전자형이 있습니다.

마찬가지로 여성을 표현할 때 XX로 나타내지만, 실제로는 X, XX, XXX, XXXX 등 다양한 유전자형이 있지요. 여기에 유전자형은 남성이지만 신체구조는 여성형이거나, 유전자형은 여성이지만 신체구조는 남성형인 경우, 혹은 해부학적으로 둘 다 가진 경우도 있습니다. 이에 대한 과학적 연구는 성이 얼마나 다양하게 존재하는지를 단적으로 보여 줍니다.

성 정체성과 성적 지향은 태어난 후에 만들어지기보다 타고난다는 점이 연구를 통해 확인되기도 했고, 인간만이 아니라 여러 동물의 세계에서도 동성애 등 다양한 성 정체성을 가진 개체가 있다는 연구 결과도 있습니다.[3] 이제 태어난 성을 그대로 자신의 성으로 인정하며 이성에게 성적 매력을 느끼는 '헤테로 시스젠더'는 수많은 젠더 중 하나일 뿐입니다.

---

[3] 이와 관련해서는 『짝짓기 생명진화의 은밀한 기원』을 참고해 주세요.

제대로 나누는 것은
세계를 이해하기 위해
필수적인 일입니다.

제대로 나누면
동물의 세계가 얼마나 다양한지,
척추동물 그중에서도
인간이 속한 포유류는
동물 전체에서 차지하는 비중이
얼마나 작은지
드러나게 됩니다.

생각플러스
본질적 차이와 부차적 차이

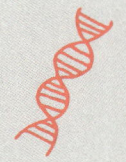

 나눈다는 것은 둘 혹은 여러 물질, 사람, 존재 사이의 차이를 파악하는 일이기도 합니다. 앞에서 이야기했던 척추동물과 무척추동물의 분류는 척추가 있는지 없는지의 차이를 가지고 나눈 것이지요. 그런데 하나의 차이를 가지고 나눈다는 것은 그 차이가 둘을 나누는 본질적인 기준이란 뜻도 됩니다.

 예를 들어 세상 사람을 남자와 여자로 나눈다면, 그 밖의 다른 차이, 즉 민족이나 소득수준, 학력, 종교보다 성별에 의한 차이가 가장 중요하다(혹은 본질적이다)는 의미를 가지고 있습니다. 물론 어떤 차이를 기준으로 두는지는 목적에 따라 달라질 수 있지요. 그런데 나뉘 놓고 보니 그 기준이 되는 차이가 사실은 본질적이지 않은 경우도 있습니다.

예를 들어 물질을 나눌 때 색을 기준으로 한다고 생각해 볼까요? 흰색은 소금, 눈, 알루미늄 등이 있고, 노란색은 금, 황, 산화우라늄 등이 있습니다. 검은색은 석유, 석탄, 반타블랙 등이 있지요. 그런데 이렇게 색깔별로 나열하고 보니 색으로 나누는 것이 별 의미가 없어 보입니다.

만약 화학적으로 구분한다면 분자인 눈이나 반타블랙, 금속인 알루미늄이나 금, 황, 결정인 산화우라늄, 혼합물인 석유나 석탄으로 나누는 것이 각 물질의 본질에 더 가깝습니다. 또는 물질의 상태로 구분한다면 상온에서 액체인 물(눈), 석유와 고체인 나머지 물질로 나눌 수 있겠지요.

물론 색도 이 물질들의 고유 특징인 것은 사실입니다. 하지만 정작 색을 기준으로 나누고 보니, 같은 색을 가진 물질들 사이의 관계라는 게 별것 아니기 때문이지요. 그래서 화학에서는 물질을 나눌 때 물질의 특성이 비슷하게 분류되는 주기율표를 쓰고, 화합물의 경우에는 분자, 결정, 금속 등으로 나눕니다.

결국 앞에서 이야기했던 것처럼, 어떤 차이를 기준으로 나누느냐는 그 물질이나 존재에 대한 본질적 이해가 밑바탕이 됩니다. 하지만 역사를 살펴보면 이런 본질적 기준을 애써 무시하고 눈에 보이는 대로, 혹은 자신의 이익을 위해 비본질적 차이로 나누는 경우도 있었습니다.

예를 들어 19세기에서 20세기 초까지 서구의 백인들은 인간을 흑인, 동양인(황인), 백인으로 나누었습니다. 그리고 침팬지와 같은 영장류에서 이어진 진화의 계보를 만듭니다. 침팬지에서 흑인으로, 흑인에서 동양인으로, 그리고 마지막 백인으로 진화가 이루어졌다는 거지요. 이 논리대로라면 백인이 가장 진화한 존재가 됩니다. 하지만 인간을 제대로 나누자 이런 분류는 거짓임이 드러났지요.

피부색이 검은 이들은 크게 아프리카 남부 출신, 아프리카 북부 출신, 인도 남쪽 안다만과 오스트레일리아를 비롯한 오세아니아 출신, 남아메리카 아마존강 유역 출신 등으로 나눌 수 있습니다. 그런데 이들의 DNA 염기서열을 조사했더니 서로 비슷하지도 않고 같은 뿌리도 아니더란 것이죠. 아프리카 북부 출신의 흑인들은 아프리카 남부 출신보다는 오히려 유럽 사람들과 더 가까웠습니다. 오세아니아의 흑인들은 대만과 태국 사람들과 비슷했지요. 몽골과 시베리아의 동양인들은 중국인이나 동남아시아 사람들보다는 오히려 아마존의 흑인들과 가까웠습니다.

그리고 무엇보다도 피부색은 유전적으로 사람을 분류하는 데 아무런 도움이 안 됩니다. 어떤 유전자를 가진 그룹이든 단지 수백 세대만 비슷한 환경에 살면 비슷한 피부색을 가진다는 것이 밝혀졌으니까요. 과학자들의 시뮬레이션에 따르면, 불과 3000년 정도만 열대 지역에 살면 어떤 집단이든 모두 피부색이 검게 변한다고 합니다.

피부색으로 인간을 나누는 것은 언뜻 보기에는 당연한 것 같지만, 실제로는 소금과 눈, 알루미늄을 색이 같다고 비슷한 물질로 묶고, 색깔이 다르다고 같은 금속인 구리, 금, 철을 나누는 것과 마찬가지입니다. 문어와 오징어, 거미를 나눌 때 다리 개수가 같은 8개라고 문어와 거미를 한데 묶고, 다리 개수가 10개인 오징어를 따로 두는 것과 비슷하지요.

여러분이 생각할 때, 당연한 듯 보이지만 실제로는 전혀 본질을 반영하지 못하는 차이로 무엇인가를 구분하는 예는 무엇이 있을까요?

똑같이 해보기

**만들 수 없는 것은,
이해한 것이 아니다.**
(What I cannot create, I do not understand.)

리처드 파인만(미국의 물리학자)

연금술

TV나 유튜브를 보면 맛집 소개가 많이 나옵니다. 음식을 먹고 그 맛에 감탄한 출연자가 "아니 어떻게 이렇게 맛있지요?"라고 물으면 대부분 "우리 집만의 특제 소스가 비법입니다"라고 대답하지요. 그 소스를 어떻게 만드는지 물어보면 그건 비밀이라서 밝힐 수 없다고 이야기합니다. 또한 요즘에는 직접 음식을 만드는 것이 유행입니다. SNS에서는 유명 맛집의 특급 레시피를 따라 하기도 합니다. 실제로 만들어 보면 완전히 똑같지는 않지만 비슷한 맛이 나오지요. 이번에는 이 '비밀 소스'와 '공개된 요리법'의 관계에 대해 이야기하려고 합니다. 대표적인 것이 연금술과 화학의 관계이지요.

연금술이란 단어를 《강철의 연금술사》란 만화를 통해 처음 접한 분들이 많을 겁니다. 흔히 연금술은 납과 같은 평범한 금속으로 금을 만드는 방법을 연구하는 학문이라고 알려져 있지요. 연금술의 역사는 아주 오래되었습니다. 고대 이집트에서 메소포타미아를 거쳐 고대 그리스, 그리고 이슬람을 거쳐 다시 유럽으로 이어집니다.

연금술은 영어로 'Alchemy'인데, 이는 아랍어에서 온 단어입니다. 영어의 정관사 'The'에 해당하는 말이 아랍어로 'Al'이고, 뒤에 'chemy'가 붙은 것이지요. 이 chemy는 그리스어에서 온 단어이고, 멀리는 고대 이집트에서 왔다고도 합니다. 연금술의 역사만큼이나 오래된 단어지요. 그리고 학문의 한 분야인 화학은 영어로 'Chemistry'인데, 이는 연금술에서 'al'을 떼어 낸 것입니다. 연금술은 아주 오래된 화학이고, 화학은 현대의 연금술이라 할 수 있지요. 연금술 'alchemy'에서 'al'을 떼어 낸 건 16세기 정도였지만, 둘을 구분해서 쓰게 된 건 18세기에 들어서면서부터입니다.

연금술과 화학은 여러 가지 공통점과 차이점을 갖고

있습니다.

이 글에서 다 소개할 순 없지만, 그중 하나로 연금술은 '비밀 소스', 화학은 '공개된 요리법'이라 할 수 있습니다.

비밀 소스가 연금술만의 이야기는 아닙니다. 옛사람들은 어떤 지식을 자신의 후계자에게만 비밀스럽게 전달하는 일이 흔했습니다. 서양에서도, 동양에서도 그랬습니다. 금속을 제련하는 이들은 그 방법을 비밀에 부치고, 제자들에게만 그것도 엄청 고생을 시킨 다음에야 알려 주었습니다. 요리사도 마찬가지여서 설거지며 청소 등 궂은일을 몇 년 동안 시킨 다음에야 겨우 조금씩 자신의 비법을 전해 주었습니다. 연금술사 역시 자신이 평생에 걸쳐 연구하고 확인한 지식을 아무도 모르게 제자에게만 전달했습니다. 연금술에 대해 쓴 책도 일반인은 그 의미를 알 수 없도록 암호와 자신들만 이해하는 단어들로 적었지요.

초기 과학자들 역시 마찬가지였습니다. 자신의 발견이나 발명에 대해 말하면서도 구체적인 방법이나 이론은 비밀로 하는 경우가 흔했습니다. 하지만 과학이 발전하면서 이런 방식은 한계에 부딪힙니다.

예를 들어 "내가 연구했더니 지구는 커다란 자석이다"라고 누가 발표한다고 가정해 볼까요? 그럼 다른 사람들은 정말 그런지 확인해 보고 싶겠지요. 그런데 처음 발표한 사람이 자기가 어떻게 연구했는지를 알려 주면 확인하기 쉽지만, "그건 비밀"이라고 말해 버리면 확인하기가 쉽지 않습니다. 또 자기 나름의 방법으로 확인해서 "어 내가 확인했더니 지구 자석 아닌데"라고 반박한다 하더라도, 서로 자기 방법을 밝히지 않으면 누가 맞는지 판단할 수 있는 방법이 없습니다.

연금술이 우세하던 시기에는 이 분야를 연구하는 사람도 별로 없고 서로 교류도 많지 않았기 때문에 큰 문제가 되지 않았습니다. 하지만 시간이 흘러 화학이 대세가 된 후에는 연구하는 사람도 많아지고, 또 이를 응용해서 사업을 하려는 사람도 생깁니다. 서로 간의 교류도 활발해지죠. 이런 상황에서는 "이건 비밀"이라고 해 버리면 상당히 곤란해집니다. 한 사람이 자신의 연구 방법을 상세하게 공개하면 다음 사람은 그것을 근거로 확인을 한 후 다시 그 위에 자신의 연구를 쌓고, 또 다른 사람이 이 둘의 연구 위에 새로운 연구를 쌓는 방식이 아무래도 효율적일 수밖에 없는 것이지요.

그래서 '비밀 소스'식 연구였던 연금술에서 시작되었지만 화학은 '공개 레시피'를 위주로 연구를 수행하게 됩니다. 화학자들은 논문을 발표하는데, 이 논문에는 주장만 담긴 것이 아니라 그 주장을 증명하는 실험을 구체적으로 어떻게 수행했는지가 모두 포함됩니다. 그래서 다른 사람들이 그 방법대로 실험을 해서 같은 결과가 나타났을 때 비로소 인정을 받습니다.

이렇게 누구나 같은 방법으로 실험을 하거나 관측을 하여 결과가 동일하게 나오는 것을 '재현성'이라고 합니다. 그리고 이 '재현성'은 과학의 기본이 됩니다. 화학뿐만 아니라 다른 과학 분야에서도 재현성은 과학이 신뢰받는 가장 중요한 덕목 중 하나입니다.

2023년에 한국의 한 과학자그룹이 상온상압 초전도

체(특정 조건에서 전기저항이 0이 되는 물질)를 만드는 데 성공했다는 소식이 전해졌습니다. 논문도 발표했지요. 그들의 논문에 따라 전 세계에서 여러 과학자들이 제각기 초전도체를 재현하는 실험을 한 결과, 모든 사람들이 재현에 실패합니다. 결국 과학자들은 그 물질이 초전도체가 아니라고 결론을 내렸지요. 하지만 그렇다고 해서 최초로 상온상압 초전도체를 개발했다는 논문이 과학이 아니라고 볼 수는 없습니다. 어찌 되었든 재현 가능성이 있는 연구였고, 그에 따라 성공과 실패가 판명되었으니까요.

결국 어떤 주장이 과학적이냐 아니냐는 '재현 가능성'의 유무로 구분할 수 있습니다. 물론 이때 재현 가능성은 과학적이냐 아니냐의 필수 조건이지, 충분 조건은 아닙니다. 과학적 주장은 재현 가능성 외에 다른 요소들도 충족해야 합니다. 어찌 되었든 재현 가능성이 없으면 그 주장은 과학적이지 않다고 봐야 합니다.

'비밀 소스'식 연구였던
연금술에서 시작되었지만
화학은
'공개 레시피'를 위주로
연구를 수행하게 됩니다.

누구나 같은 방법으로
실험을 하거나 관측을 하여
결과가 동일하게 나오는 것을
'재현성'이라고 합니다.
그리고 이 '재현성'은
과학의 기본이 됩니다.

똑같이 하기가 생각보다 어렵다고?

재현이 쉽지 않은 과학 분야도 있습니다. 옛 생물에 대해 연구하는 고생물학이 대표적인 분야지요. 예를 들어 볼까요? 어떤 고생물학자가 40억 년 전의 지층에서 생물의 흔적을 발견했다고 발표합니다. 방사선 동위원소를 이용해 해당 지층의 연대를 확인하고, 흔적도 여러 방법으로 엄밀하게 조사해서 논문의 요건을 충족한 상태지요. 나름대로 신뢰를 가질 만합니다.

그런데 사실 40억 년 된 지층은 전 세계에 얼마 있지 않습니다. 굉장히 드물어요. 다른 고생물학자들도 그나마 남아 있는 지층을 샅샅이 훑지만, 같은 종류의 생물 흔적을 찾지 못합니다. 그럴 수밖에 없는 게 모든 생물이 흔적을 남기는 것도 아니고, 그렇게 남긴 흔적이 40억 년 동안 고이 보존되는 것도 아닙니다.

더구나 40억 년 전의 흔적은 단세포 원핵생물일 테니 현미경으로도 찾기 힘들 만큼 크기가 작습니다. 오히려 찾는 것이 신기할 정도로 힘든 일입니다. 그러니 이런 경우에는 재현이 쉽지 않다는 건 누구나 알 수 있습니다.

천문학도 마찬가지일 수 있습니다. 어떤 천문학자가 기존의 천문학 이론으로는 설명할 수 없는 초신성을 발견했다고 가정해 봅시다. 그런데 이 천문학자가 논문을 발표할 때, 그 초신성은 이미 사라진 후였습니다. 초신성은 수 주에서 수 개월 정도로 수명이 짧기 때문이지요.

더구나 그 초신성을 관측한 자료 또한 최초의 발견자가 기록한 것 외에는 없다면 어떻게 될까요? 다른 천문학자들이 이 사람의 발표를 믿을 수 있을까요? 물론 같은 현상을 보여 주는 또 다른 초신성을 발견한다면 최선일 겁니다. 일종의 재현이지요. 하지만 초신성 현상은 매우 드뭅니다. 이 천문학자가 발표한 것처럼 기존의 이론을 뒤집을 정도의 발견은 수백 년에 한 번도 일어나지 않을 가능성이 큽니다.

재현성이 낮은 것은 꼭 이런 경우에만 한정되지 않습니다. 완전히 똑같은 재현이란 불가능에 가깝기 때문이지요. 예를 들어 어떤 생물학자가 빛의 세기가 광합성에 미치는 영향을 알아보기 위해 실험을 했다고 가정합시다. 그는 빛의 세기가 10만 럭스일 때까지는 광합성량이 계속 증가했지만, 그 이상의 밝기에서는 증가하지 않았다고 발표합니다.

누군가가 이 실험을 재현하기 위해서는 모든 조건을 최초의 실험자와 동일하게 만들어야 합니다. 조건이 다르면 결과도 다르게 나올 가능성이 크기 때문이지요. 예를 들어 최초 실험자가 20도의 온도에서 실험을 진행했는데 재현하려는 사람은 25도에서 실험했다면 어떻게 될까요? 대개 높은 온도에서는 온도가 낮을 때보다 광합성을 더 많이 합니다. 그래서 10만 럭스가 아니라 15만 럭스까지 광합성량이 계속 증가할 수도 있을 겁니다.

또 식물에게 주는 물의 양이 최초 실험자보다 적다면 어떻게 될까요? 물은 광합성 재료이니 물이 줄어들면 광합성을 덜하게 되겠지요. 그러면 7만 럭스 정도까지만 광합성량이 늘어나고, 그 다음부터는 더 늘어나지 않을 수도 있습니다.

식물의 종류도 중요하겠지요. 최초 실험자는 열대 지방에 사는 선인장으로 실험을 했는데 재현하는 이는 동백나무로 했다면, 이 또한 결과에 영향을 미칠 수밖에 없습니다.

과학이란 어떤 원인이 결과에 어떤 영향을 미치는지를 파악하는 일이라고 할 수 있습니다. 이때 원인이 되는 것을 독립 변인이라 하고, 결과에 해당하는 것을 종속 변인이라고 합니다. 결과에 영향을 미치는 요인이 단지 하나만 있는 것은 아닙니다. 광합성 실험에서는 결과가 광합성량이므로, 이것이 종속 변인이 되겠지요.

이 결과(광합성량)에 영향을 미치는 것은 빛의 세기, 습도, 물의 양, 이산화탄소 농도, 온도, 식물의 종류 등 여러 가지가 있습니다. 그중에서 우리가 조사하려는 것은 빛의 세기입니다. 그렇다면 나머지 조건들은 일정하게 유지해야 빛의 세기가 미치는 영향을 제대로 파악할 수 있습니다. 이를 변인 통제라고 합니다.

변인 통제가 단지 재현하려는 사람에게만 해당하는 것은 아닙니다. 처음 실험을 한 사람이 변인 통제에 신경 쓰지 않았다면 다른 누군가가 재현하고자 해도 제대로 되지 않으니까요. 그래서 처음으로 실험하는 사람도 여러 조건을 세밀하게 따져서 항상 일정한 상태로 유지해야 신뢰를 얻을 수 있습니다.

그런데 이런 변인 통제가 쉬운 일은 아닙니다. 예를 들어 같은 식물이라는 건 무슨 뜻일까요? 단지 종류만 같으면 될까요? 최초 실험자가 진달래를 사용한 경우, 같은 진달래를 사용하면 만족스러울까요? 그렇지 않을 겁니다. 같은 종류의 식물이라 해도 크기가 다를 수도 있고, 잎의 개수가 다를 수 있으며, 나이도 다를 수 있습니다. 하다못해 줄기의 개수과 두께도, 잎이 핀 방향이나 위치도 다르겠지요. 다른 조건들도 마찬가지입니다. 완벽하게 똑같은 조건을 재현한다는 것은 생각보다 엄청 힘든 일입니다. 예로 든 광합성 실험은 그나마 쉬운 경우입니다.

현대 과학에서 첨단 연구는 대단히 복잡하고 세밀한 조건을 다룹니다. 그러다 보니 변인 통제가 그리 쉽지 않고, 따라서 누군가의 발표를 완전히 똑같이 재현한다는 것은 불가능에 가까운 경우가 많습니다. 물론 이런 문제를 해결하는 다양한 방법이 없는 것은 아니지만 재현이 쉽지 않은 것은 현실입니다.

완벽하게 똑같은 조건을
재현한다는 것은
생각보다 엄청 힘든 일입니다.

현대 과학에서 첨단 연구는
대단히 복잡하고
세밀한 조건을 다룹니다.
그러다 보니
변인 통제가 그리 쉽지 않고,
따라서 누군가의 발표를
완전히 똑같이 재현한다는 것은
불가능에 가까운 경우가 많습니다.

재현이 안 되면 망한 걸까?[4]

스포츠 경기에서 응원하는 팀이 아주 열심히 잘했지만 지는 경우가 있습니다. 그럴 때 우린 '졌잘싸'라고 스스로를 위로하곤 합니다. 졌지만 잘 싸웠다는 뜻이지요. 마찬가지로 재현에 실패한 실험이나 연구 결과도 꼭 망한 것만은 아닙니다. 실제 사례들을 보면 정말 열심히 변인 통제를 하고 여러 가지 조건을 엄격하게 유지했는데도 불구하고 재현이 되지 않은 경우가 있습니다.

---

4 이 부분은 2015년 9월 1일 뉴욕타임스의 기사 "Psychology Is Not in Crisis"를 일부 인용했습니다. 뉴욕타임스의 원문은 아래 링크를 통해 확인할 수 있습니다.
https://www.nytimes.com/2015/09/01/opinion/psychology-is-not-in-crisis.html?action=click&pgtype=Homepage&version=Moth-Visible&module=inside-nyt-region&region=inside-nyt-region&WT.nav=inside-nyt-region

이런 연구는 망한 것이 아니라 오히려 과학의 발전에 도움이 되기도 합니다.

초파리는 유전 연구에 자주 사용되는 곤충입니다. 크기도 작고, 한 세대가 12일 정도로 짧아서 한두 달만 지나도 여러 세대에 걸친 유전적 변화 등을 관찰할 수 있습니다. 또한 염색체 수도 8개로 적고 비용도 적게 든다는 장점이 있습니다.

초파리는 다른 파리들처럼 날개가 쫙 펴져 있는데, 가끔 둥글게 말린 날개를 가진 개체가 눈에 띄기도 합니다. 어떤 과학자들이 실험실에서 그 이유를 연구하여 특정 유전자가 이런 현상을 만든다는 사실을 밝혀냈습니다. 논문을 보면 과정이 아주 치밀하고 변인 통제도 잘해서 재현하는 데 별 어려움이 없을 듯 보였습니다. 실제로 재현에 성공하기도 했지요. 하지만 다른 연구자들이 실험을 하다 보니 재현되지 않는 경우가 꽤 많이 나왔습니다.

분명 실험 설계를 아주 잘했고 동료들의 평가도 좋았는데, 재현이 되기도 하고 되지 않기도 하는 결과가 나온 것이지요. 이유를 살펴봤더니 유전자와 별 상관이 없는 온도와 습도 문제였습니다. 온도와 습도가 달라지면 날개를 동그랗게 만드는 요인이라고 생각했던 유전자가 잘 발현되지 않는 경우가 있었습니다. 결국 재현에 실패한 것이지요.

하지만 재현에 실패했다고 해서 실험이나 연구에 실패한 것은 아닙니다. 오히려 유전자에 대한 이해를 높이는 성과를 보여 주었습니다. 이전에는 유전자의 발현이 거의 자동으로 이루어진다고 생각했습니다. 하지만 이와 같은 실험 결과로 유전자의 발현은 환경에 의해 조절될 수 있다는 새로운 사실을 알게 되었습니다.

이렇듯 재현이 되지 않은 실험이나 연구는 이전까지 몰랐던 조건에 의해 결과가 달라질 수 있다는 것을 발견하는 계기가 되기도 합니다. 대표적인 예가 상대성 이론입니다.

고전적인 역학 이론에 따르면 모든 물체의 운동은 상대운동입니다. 내가 동쪽으로 20m/s의 속도로 달리면서 친구가 동쪽으로 10m/s의 속도로 달리는 모습을 관찰한다고 가정해 봅시다. 내게는 친구가 서쪽으로 10m/s로 달리는 것처럼 보일 겁니다. 상대속도에 대한 이와 같은 관찰은 몇 백 년 동안 항상 그대로 재현되었습니다. 당연히 과학자들도 일반인들도 이 이론이 절대적으로 맞다고 생각했습니다.

하지만 이것은 우리가 빛의 속도보다 아주 느리게 달릴 때, 그리고 관찰 도구가 미세한 차이를 잡아낼 수 없을 때만 나타나는 결과였습니다. 물체의 속도가 아주 빠르면 아인슈타인의 특수 상대성 이론에 따라 고전적인 역학 이론에 의한 이론은 '재현'되지 않았습니다. 간단히 말해 상대가 빛의 속도로 달린다면, 내가 아무리 빨리 달려도 빛의 속도는 변하지 않고 그대로인 것이지요. (하지만 아인슈타인의 상대성 이론은 재현되지 않는 상황을 관찰하고 이론을 만든 것이 아니라 이론이 먼저 나왔습니다.)

마찬가지로 양자역학의 탄생 배경에는 재현이 되지 않는 현상이 있었습니다. 고전 전자기학이 완성된 19세기 말에서 20세기 초, 용광로에서 철을 제련하는 과정에서 온도와 빛의 파장에 따른 세기를 관찰하는데 이론과 항상 다른 결과가 나오는 겁니다. 전자기학이론은 그 이전에 수천 번이 넘는 실험 과정에서 항상 이론에 맞춰 재현되었고, 뉴턴의 고전역학과 함께 당시 물리학의 완성이라는 평가를 받고 있었습니다. 하지만 기술이 발전하여 용광로처럼 높은 온도에서 빛의 파장별 세기를 관찰할 수 있게 되자, 그런 전자기학 이론에 따른 재현이 일어나지 않는 현상을 발견하게 된 것입니다. 이를 흑체복사 문제라고 하는데, 이를 해결하기 위해 막스 플랑크가 양자 가설을 제안하고 이로부터 양자역학이 시작된 것이지요.

이렇듯 과학에서는 어떤 실험이나 이론이 항상 재현에 성공하는 것은 아닙니다. 오히려 재현에 실패하는 과정에서 새로운 이론이나 설명이 대두되고 이를 통해 발전한다고 볼 수 있습니다. 물론 이는 실험이나 연구가 정교하게 설계되고 치밀하게 진행되는 것을 전제로 합니다.

즉, 실험을 아무렇게나 설계해도 된다는 뜻은 아닙니다. '졌잘싸'가 되려면 최선을 다해 경기에 임하는 태도가 전제되어야 합니다. 그래야 최선을 다해도 진 이유가 명확하게 드러나고 다음 단계로 나갈 수 있지요.

실험도 마찬가지입니다. 최대한 신중하게 실험을 설계하고, 설계에 맞춰 제대로 실행해야 재현이 되지 않는 이유를 알 수 있습니다. 그런 실험과 연구만이 재현에 실패하더라도 다음 단계로 나아갈 가능성을 만듭니다. 성실히 연구하여 재현에 실패하는 것은 과학의 특징이고, 과학이 향할 다음 방향을 알려 주는 지시등이기도 합니다.

과학에서는
어떤 실험이나 이론이
항상 재현에
성공하는 것은 아닙니다.
오히려 재현에 실패하는 과정에서
새로운 이론이나 설명이 대두되고
이를 통해 발전한다고 볼 수
있습니다.

물론 이는 실험이나 연구가
정교하게 설계되고
치밀하게 진행되는 것을
전제로 합니다.

생각플러스
디지털 트윈

재현성은 다양하게 활용됩니다. 앞에서 초파리 날개의 돌연변이가 특정 유전자 때문이라는 사실을 실험을 통해 밝혀냈다고 이야기했었지요. 그 실험을 여기서 다시 한 번 예로 들어 보겠습니다. 다른 연구자들이 처음 논문을 발표한 사람과 똑같은 조건에서 실험을 하여 같은 결과를 만들어 내면 재현에 성공했다고 할 수 있습니다. 하지만 과학자들이 과연 똑같은 실험으로 재현에 성공한 것에 만족할까요? 당연히 그렇지 않을 것입니다.

어떤 과학자가 초기 실험의 A라는 조건을 달리하여 다시 실험을 한다고 가정해 봅시다. 실험 결과가 첫 실험과 동일하다면 A라는 조건은 실험에 별다른 영향을 미치지 않는다고 결론지을 수 있습니다. 이 자체로도 훌륭한 과학적 성과지요. 이번에는 다른 과학자가 B라는 조건을 달리해서 실험을 했는데 첫 실험과 다른 결론이 나옵니다. 이제 B라는 조건은 결과에 영향을 미친다는 결론이 나지요.

이렇게 이어지는 후속 연구는 재현성에 기초해서 과학을 더욱 풍부하게 만드는 역할을 합니다. 조건을 조금씩 바꾸어 가며 연구하는 동안 이전과는 다른 결론에 도달할 수도 있고, 이는 해당 분야에서 한 단계 도약하는 계기가 되기도 합니다. 이와 같은 과학적 방법은 다른 분야에도 다양하게 적용되는데, 요즘 주목받는 기술이 디지털 트윈입니다.

디지털 트윈은 현실 세계의 기계나 장비, 사물들을 컴퓨터 안의 가상세계에 디지털로 재현한 것입니다. 사용자가 서로 소통할 수 있는 3차원의 가상세계를 뜻하는 메타버스와는 결이 다르지요. 디지털 트윈은 산업 분야에서 먼저 주목받았습니다. 복잡한 기계를 만든다고 생각해 볼까요? 대량 생산을 하기 전에 수작업으로 부품을 만들어 시제품을 제작합니다. 그런데 수작업으로 진행하니 비용이 많이 들고 만드는 데 시간도 오래 걸립니다. 또한 첫 번째 시제품에서 완벽한 성능이 나오는 경우가 드물기 때문에 몇 번의 과정을 거치게 됩니다. 이때 컴퓨터로 가상세계에 기계를 우선 만들어 돌려 봅니다. 이것이 바로 디지털 트윈이지요.

물론 이렇게 하기 위해선 기계 부품들의 물성이나 구동 방식 같은 것이 정교하게 모사되어야 합니다. 예전에는 불가능에 가까운 일이었지만, 컴퓨터 성능이 좋아지고 빅데이터를 처리하는 능력이 향상되면서 이제 충분히 가능해졌습니다. 이렇게 가상세계에서 돌려 보면서 여러 가지 시행착오를 확인하고 충분히 데이터를 확보한 뒤 시제품을 제작하면 오류를 줄이고, 시제품 제작 시간을 단축하는 장점이 있습니다.

이런 경험이 쌓이면서 이제 디지털 트윈은 그 영역

을 넓히고 있습니다. 기계 하나가 아니라 아예 공장 전체를 가상세계에 디지털 트윈으로 만듭니다. 노동자들의 동선, 부품들의 이동 과정 등을 가상세계에서 시뮬레이션한 다음 최적화된 상황에서 공장을 만드는 것이지요.

만들고 나서도 쓸모가 많습니다. 공장에서 만드는 제품이 조금씩 바뀌면 그때마다 생산라인을 개조하고 부품 공급망을 다변화해야 하는데, 이럴 때마다 시행착오를 겪을 수밖에 없습니다. 이런 경우에 디지털 트윈을 통해 미리 점검을 마치면 시행착오를 최소화할 수 있습니다. 마치 선행 실험과 조금씩 조건을 달리해서 실험을 하는 것과 비슷한 상황이지요.

그리고 이제 디지털 트윈을 공장 하나가 아니라 아예 도시 전체에 적용하려 합니다. 싱가포르가 기본적인 수준의 디지털 트윈을 구현했고, 다른 도시들도 이에 대한 연구가 진행 중입니다. 물론 공장에 비해 훨씬 복잡해서 완전한 형태의 디지털 트윈을 재현하는 것은 아직 더 기다려야겠지요. 교통체계와 건물뿐만 아니라 상수도 시설, 하수도 시설, 가스 배관과 전력망 등 도시의 기본 인프라를 모두 재현하고 변화를 실시간으로 반영하는 건 아주 난이도가 높거든요.

그런데 이런 디지털 트윈이 단순히 물리적 환경만이 아니라 인간의 신체도 재현할 수 있을까요? 세포 수준에서부터 심장이나 뇌, 폐와 같은 기관까지 재현할 수 있다면 인간에 대한 생물학적 이해가 훨씬 깊어질 수 있을 텐데 말이지요.

실제로 많은 생물학자들이 이와 같은 인체의 디지털 트윈을 구축하려고 연구하고 있습니다. 한편, 어떤 이들은 생물체의 디지털 트윈은 그 복잡성 때문에 불가능하다고 주장합니다. 과연 생물체의 디지털 트윈은 가능할까요? 여러분의 생각은 어떤지요?

또 하나, 인간들 사이의 관계도 재현할 수 있을까요? 개개인의 행동은 재현에 필요한 정보가 부족할 수 있지만, 확률이나 통계에 근거해 일정 수준의 집단이 어떻게 행동할지를 재현하고 이를 통해 미래를 예측할 수는 없을까요? 그리고 이렇게 미래를 예측할 수 있다면, 이런 연구가 갖는 장점에는 어떤 것이 있을까요?

진짜 원인 찾기

세상에 공짜 점심은 없다.

버드나무 껍질과 진통제

누구나 한 번쯤 치통을 앓아 본 적이 있을 겁니다. 갑자기 이와 잇몸이 욱신거리며 참기 힘든 통증이 느껴지지요. 하지만 치과는 정말 가기 싫습니다. 왱 하며 돌아가는 기계 소리가 무섭기도 하고, 혹시 신경치료라도 받게 되면 너무 아프니까요. 그래도 치과를 가는 것이 가장 좋은 방법인데, 마침 휴일이라 문을 연 치과가 없을 경우에는 응급처치로 진통제를 먹기도 합니다.

진통제 중에서 역사가 가장 오래된 것은 아스피린입니다. 1897년 독일의 제약회사가 개발해 판매를 시작했지요. 그렇다면 그 이전에 살던 사람들은 이가 아플 때 어떻게 했을까요? 아스피린은 아니지만 자연에서 찾은 진통제를 썼습니다. 바로 버드나무 껍질입니다. 버드나무 겉껍질을 벗겨내고 속껍질을 짓이겨서 뭉친 다음 입안에 물고 있으면 통증이 가라앉는다는 것을 고대 메소포타미아 사람들도 경험으로 알고 있었지요.

사실 아스피린의 주성분은 이 버드나무 껍질의 진통 성분과 비슷합니다. 과학자들은 버드나무에 어떤 진통 효과가 있는지 알고 싶었습니다. 연구를 하다 보니 껍질 속 살리실산이 진통 효과가 있다는 사실을 알게 되었지요.

그런데 아스피린은 살리실산이 아니라 아세틸살리실산이라고 하는 비슷하지만 다른 물질입니다. 버드나무 껍질의 살리실산은 진통 효과는 있지만 심한 구역질을 일으키기 때문에 먹기 어려웠습니다. 더구나 설사를 하고, 많이 먹으면 죽는 경우도 있었습니다. 그래서 화학적으로 살짝 변형하여 복용하기에 적합한 아세틸살리실산으로 바꾼 것이지요. 이렇게 성분을 조금 바꾸자 부작용이 많이 줄어들어 우리가 복용하는 데 큰 어려움이 없어진 겁니다.

버드나무 껍질에 진통 효과가 있는 건 사실이지만, 과연 그 속의 어떤 성분이 진통 효과를 내는지를 알아내는 과정, 즉 더 정확한 원인을 찾는 것이 과학이 추구하는 목표의 하나입니다.

더 정확한 원인을 찾는 건 부수적인 효과도 있습니다. 일단 살리실산이라는 물질이 확인되자, 이를 응용하여 살리실산메틸이란 물질을 만듭니다. 살리실산메틸은 먹을 순 없지만 진통 효과가 있기 때문에 피부에 붙이는 파스에 주로 사용하지요. 또 살리실산 자체는 화장품에 사용합니다. 피부의 각질을 연하게 만들어 각질이 모공을 막는 걸 억제하기 때문이지요. 주로 클렌징폼에 많이 사용합니다

하지만 이 정도로 진짜 원인을 알아냈다고 말할 수는 없습니다. 살리실산이란 물질이 어떻게 진통 효과를 나타내는지를 알아야 진짜 원인을 안다고 할 수 있지 않을까요? 과학이란 그런 것입니다. 진짜 원인이 무엇인지 아직 모르는 부분이 있다면 더 파고드는 겁니다.

과학자들은 다시 연구를 시작했고, 결국 인체와 살리실산 사이의 상호작용을 알아냅니다. 우리 몸의 특정 부위에 염증이 생기면, 이것을 알리기 위해 프로스타글란딘이란 호르몬 유사물질이 만들어집니다. 이 물질이 대뇌에 통증을 전달하는 것이지요. 프로스타글란딘이란 물질을 만들기 위해 우리 몸에는 사이클로옥시게나아제(COX)란 효소가 존재합니다. 살리실산은 이 COX 효소와 결합하여 프로스타글란딘을 합성하지 못하게 만듭니다. 그래서 뇌는 우리 몸의 어느 부위에 염증이 생겨 아프다는 걸 인식하지 못하게 되지요.

이제 살리실산이 통증을 완화하는 이유가 분자 수준에서 아주 분명하게 밝혀졌습니다. 그리고 더 정확한 원인을 파악하게 되자 이를 다양하게 응용할 수 있게 되었습니다. 살리실산과 COX 효소의 결합으로 프로스타글란딘의 생성이 억제되면 위 출혈 등의 부작용이 생긴다는 걸 알게 된 것이지요. 그리고 COX 효소도 하나가 아니라 두 종류인 것도 밝혀냅니다. 이를 통해 아스피린과 조금 다르게 작용하는 다양한 진통제도 개발됩니다. 대표적인 예가 이부프로펜이지요.

프로스타글란딘이 줄어들면 혈액 응고를 방해한다는 사실도 밝혀냅니다. 그래서 수술을 할 경우 약 2일 전부터 아스피린 복용을 금지합니다. 수술을 하면서 생긴 상처의 피가 굳어야 아무는데, 아스피린을 먹으면 피가 멈추질 않으니까요.

반대로 혈액 응고를 방해하기 때문에 얻는 이점이 있다는 것도 알게 됩니다. 고혈압이나 심근경색, 협심증 등 혈관 안에서 피가 굳으면 위험한 질병의 경우, 아스피린을 꾸준히 복용하면 발병을 억제한다는 사실을 알게 된 것이지요.

처음에 버드나무 껍질의 진통 효과를 밝혀낸 것은 인류에게 큰 도움이 되었습니다. 하지만 버드나무가 자라지 않는 지역도 있었고, 삶아서 그 물을 마시면 구토를 하고 위 출혈 같은 부작용도 나타났지요. 이후에 살리실산이 통증을 줄이는 원인 물질이라는 사실이 밝혀지면서 우리는 좀 더 안전하고 편리하게 진통제를 먹을 수 있게 되었습니다. 더 나아가 살리실산이 어떻게 진통 효과를 내는지 연구를 계속하면서 부작용이 왜 생기고, 어떤 경우에 쓰면 안 되고 또 어떤 경우에는 오히려 효과를 볼 수 있는지 알게 되었지요.

'버드나무 껍질을 씹으면(원인) 통증이 사라진다(결과).' 이는 하나의 인과관계라고 할 수 있습니다. 하지만 좀 더 본질적인 원인을 찾으면 이전에는 몰랐던 부작용과 더 긍정적인 면을 알게 될 뿐만 아니라, 사용의 효율성을 높일 수 있습니다. 꼭 이를 위해서가 아니라도, 과학은 단순한 인과관계에 만족하지 않고 좀 더 본질적인 인과관계를 파악함으로써 더 깊이 있게 세계를 이해하는 과정이라고 할 수 있습니다.

버드나무 껍질에
진통 효과가 있는 건 사실이지만,
과연 그 속의 어떤 성분이
진통 효과를 내는지를
알아내는 과정,
즉 더 정확한 원인을 찾는 것이
과학이 추구하는
목표의 하나입니다.

과학이란 그런 것입니다.
진짜 원인이 무엇인지
아직 모르는 부분이 있다면
더 파고드는 겁니다.

명탐정 코난

《명탐정 코난》을 보면 사건은 주로 코난이 들른 장소에서 일어납니다. 그것도 외부에서 들어올 수 없는 밀폐된 곳이지요. 코난이 도착하자마자 기다렸다는 듯이 누군가가 살해당합니다. 코난은 용의자들을 살펴봅니다. 이때 용의자들은 사망자가 죽어서 이득을 보는 사람이지요. 사망자와 경쟁 관계에 있다든가, 예전에 크게 싸웠다든가, 아니면 사망자의 죽음으로 경제적 이득을 보는 등 다양한 이유가 있습니다. 이럴 때 우리는 용의자들이 살인을 저지를 '개연성'이 있다고 이야기합니다. 즉, 실제로 살인을 했는지 안 했는지 알 수 없지만 살인을 저지를 가능성이 있다고 이야기하는 것이지요.

마찬가지로 과학에서도 개연성은 연구를 시작하는 주요 모티브가 됩니다. 예를 들어 어떤 과학자가 원소들을 조사하다가 리튬과 나트륨, 칼륨 등이 비슷한 성질을 가지고 있다는 사실을 발견했습니다. 세 원소 모두 물과 만나면 부글부글 끓으면서 반응을 했고, 반응 결과로 수소 기체를 만듭니다. 또 염산을 만나도 격렬하게 반응하는데, 반응이 끝난 뒤 남은 액체를 제거하면 흰색 결정이 생깁니다.

 과학자는 이들 원소가 비슷한 성질을 가진 이유가 궁금합니다. 그래서 몇 가지 조사를 더 해보게 됩니다. 그랬더니 리튬은 전자가 3개 있고, 나트륨은 11개, 칼륨은 19개 있습니다. 우연히 전자 개수가 8개씩 증가하는 걸 발견한 것이지요.

 과학자는 이렇게 전자가 8개씩 증가할 때마다 비슷한 성질을 가진 원소들이 등장한다고 짐작합니다. 하지만 여기까지입니다. 전자가 8개씩 증가할 때마다 비슷한 성질을 가진 원소들이 항상 나타나는지 전부 확인한 것은 아니며, 왜 비슷한 성질을 갖는지도 알지 못합니다.

그럼에도 불구하고 세 원소만 놓고 본다면 충분히 검증할 만한 가치가 있습니다. 이런 경우 과학에서는 '개연성'이 있다고 이야기합니다. 다시 말해서 개연성은 과학자가 미루어 짐작한 원인이 결과와 실제로 인과관계가 있을 가능성이 있다는 의미입니다.

일상생활에서 우리는 개연성만으로 판단하는 경우를 흔히 볼 수 있습니다. 예를 하나 들어 볼까요? 체육 시간에 친구 하나가 몸이 아파 교실에 남았고, 나머지는 다들 운동장에 나갔다 들어왔더니 물건이 없어졌습니다. 보통 교실에 혼자 남았던 친구가 의심을 받게 되지요. 이런 경우에 개연성이 있다고 할 수 있습니다.

하지만 이건 가능성일 뿐입니다. 그런데도 어떤 친구들은 "난 쟤가 아프다고 할 때부터 이상했어", "쟤가 며칠 전부터 아이폰이 갖고 싶다고 노래를 하더니만" 이런 식으로 그 친구가 범인이라고 쉽게 판단해 버립니다. 개연성이 있다고 해서 그 친구가 물건을 훔쳤다고 확신할 수는 없습니다. 그 친구가 화장실을 간 사이에 누군가가 들어와서 훔쳤을 수도 있고, 체육 시간 전에 이미 누군가가 훔쳤을 수도 있으니까요. 아니면 물건을 집에 놓고 왔는데 잃어버렸다고 착각을 했을 수도 있습니다.

과학에서도 개연성은 연구의 시작지점으로서 의미가 있지만, 결론을 의미하지는 않습니다. 앞서 예로 들었던 전자 개수가 8개 증가할 때마다 비슷한 성질을 가진 원소가 등장한다는 가설도 마찬가지입니다. 원소의 성질을 연구하던 과학자들은 리튬, 나트륨, 칼륨 외에도 이렇게 8개마다 비슷한 성질을 갖는 현상을 더 발견합니다. 베릴륨, 마그네슘, 칼슘이 그런 성향을 보였고, 붕소, 알루미늄, 갈륨도 한 세트였죠. 탄소, 규소, 게르마늄 세트와 플루오르, 염소, 브로민도 마찬가지였습니다.

그렇다면 '전자 개수가 8개씩 증가할 때마다 비슷한

원소가 나온다'라는 개연성은 인과관계로 확정될 수 있었을까요? 그렇지 않았습니다. 뒤이어 다른 원소들도 발견되었는데 리튬과 나트륨, 칼륨과 비슷한 성질을 가진 루비듐은 전자 개수가 18개 더 많았고, 세슘도 루비듐보다 전자 개수가 18개 더 많았습니다. 베릴륨, 마그네슘, 칼슘과 비슷한 성질을 가진 스트론튬도 칼슘에 비해 전자 개수가 18개 더 많았고, 바륨은 스트론튬보다 전자 개수가 18개 더 많았습니다.

이제 전자가 적은 원소와 전자가 많은 원소는 전자 개수의 증가 방식이 서로 다르다는 것이 밝혀집니다. 위에서부터 세 가지는 전자가 8개씩 증가할 때마다, 그 다음 두 가지는 전자가 18개씩 증가할 때마다 비슷한 성질의 원소가 등장한 것이지요.

과학자들의 궁금증은 더욱 커집니다. "왜 위의 세 가지는 전자 개수가 8개씩 증가할 때마다 나타나고, 그 다음은 18개 증가할 때마다 나타나는 걸까?" 그리고 비슷한 성질을 가진 여섯 번째 원소는 전자 개수가 무려

32개가 증가할 때 나타났습니다. 리튬과 같은 쪽에선 프랑슘이, 베릴륨과 같은 쪽에선 라듐이 해당했지요.

    결국 러시아의 과학자 멘델레예프[5]가 주기율표를 만들면서 원소들이 주기적인 성질을 가진다는 것이 확정되었습니다. 이제 원소들이 일정한 주기로 비슷한 성질을 갖는 것은 개연성 차원에서 확인된 사실이 됩니다. 하지만 이게 끝일까요?

---

[5] 드미트리 이바노비치 멘델레예프는 19세기 러시아의 화학자입니다. 그는 원소들이 일정한 규칙에 따라 나열된다고 보고 이를 주기율표로 정리합니다. 그는 당시 아직 발견되지 않은 원소의 성질을 주기율표에 따라 예측했으며, 실제로 발견된 원소들은 그가 예측한 성질과 일치하면서 상당한 반향을 일으켰습니다.

1 H																	2 He
3 Li	4 Be											5 B	6 C	7 N	8 O	9 F	10 Ne
11 Na	12 Mg											13 Al	14 Si	15 P	16 S	17 Cl	18 Ar
19 K	20 Ca	21 Sc	22 Ti	23 V	24 Cr	25 Mn	26 Fe	27 Co	28 Ni	29 Cu	30 Zn	31 Ga	32 Ge	33 As	34 Se	35 Br	36 Kr
37 Rb	38 Sr	39 Y	40 Zr	41 Nb	42 Mo	43 Tc	44 Ru	45 Rh	46 Pd	47 Ag	48 Cd	49 In	50 Sn	51 Sb	52 Te	53 I	54 Xe
55 Cs	56 Ba	57 La	72 Hf	73 Ta	74 W	75 Re	76 Os	77 Ir	78 Pt	79 Au	80 Hg	81 Tl	82 Pb	83 Bi	84 Po	85 At	86 Rn
87 Fr	88 Ra	89 Ac	104 Rf	105 Db	106 Sg	107 Bh	108 Hs	109 Mt	110 Ds	111 Rg	112 Cn	113 Nh	114 Fl	115 Mc	116 Lv	117 Ts	118 Og

	58 Ce	59 Pr	60 Nd	61 Pm	62 Sm	63 Eu	64 Gd	65 Tb	66 Dy	67 Ho	68 Er	69 Tm	70 Yb	71 Lu
	90 Th	91 Pa	92 U	93 Np	94 Pu	95 Am	96 Cm	97 Bk	98 Cf	99 Es	100 Fm	101 Md	102 No	103 Lr

주기율표 원소기호 위의 숫자는 원자번호이며면서 동시에 각 원소가 가진 전자의 개수를 의미한다. 출처: 위키 주기율표

'전자 개수가
8개씩 증가할 때마다
비슷한 원소가 나온다'라는
개연성은
인과관계로 확정될 수 있었을까요?

결국 러시아의 과학자 멘델레예프가
주기율표를 만들면서
원소들이 주기적인 성질을
가진다는 것이 확정되었습니다.
이제 원소들이 일정한 주기로
비슷한 성질을 갖는 것은
개연성 차원에서
확인된 사실이 됩니다.

청개구리가 우는 이유

옛날에 엄마의 말이라면 덮어놓고 반대로만 하던 청개구리가 있었답니다. 이리 오라고 하면 저리 가고, 저리 가라고 하면 이리 왔지요. 아들 청개구리 때문에 엄마 청개구리는 걱정이 이만저만이 아니었습니다. 세월이 흘러 엄마 청개구리가 죽을 때가 다가왔습니다. 엄마 청개구리는 산에 묻히고 싶었지만, 아들이 항상 자신의 말에 반대로 행동하던 게 생각나서 "내가 죽으면 산에 묻지 말고 강가에 묻어 다오"라고 유언을 남기지요. 엄마가 죽고 난 뒤에야 자신의 잘못을 뉘우친 아들 청개구리는 엄마의 유언대로 강가에 묻습니다. 그 뒤로는 비만 오면 엄마의 무덤이 떠내려갈까봐 밤새 개굴개굴 큰 소리로 울곤 했답니다.

누구나 한 번쯤 들어 봤을 청개구리 설화입니다. 우리나라에는 이 설화와 비슷한 '개구리가 울면 비가 온다'는 속담도 있습니다. 요사이 도시에선 개구리를 보기 힘들기 때문에 속담이 사실일까 의문스러울 수도 있지만, 실제로 청개구리가 시끄럽게 울면 비가 오는 경우가 많습니다. 그렇다고 정말 개구리가 우는 것이 비가 오는 원인이라고 생각하지는 않으시죠? 이렇게 두 현상 중 하나가 원인이고, 다른 하나가 결과인 것은 아니지만 상당한 관련이 있을 때를 '상관관계'라고 이야기합니다.

개구리 울음소리는 사실 하나의 원인에 따른 두 가지 결과라 할 수 있습니다. 비가 오기 전에는 공기 중에 습기가 많아집니다. 개구리는 폐로 호흡을 하지만, 피부 호흡도 많이 합니다. 피부에 수분이 촉촉하면 호흡하기가 더 편해지지요. 이를 통해 개구리는 비가 올 수 있다는 사실을 알게 됩니다. 그러면 수컷 개구리가 울기 시작합니다. 짝짓기를 하기 위해서 암컷을 부르는 거지요. 개구리는 물속에서 짝짓기를 하는데, 비가 오면 말랐던 냇물이나 연못에 물이 차니 짝짓기를 하기 좋은 환경이 형성되기 때문입니다.

그래서 개구리가 우는 것이 비를 부르는 원인은 아니지만, 시간상으로는 먼저 일어나는 일이니 마치 원인과 결과처럼 느껴집니다. 이런 상관관계는 우리가 흔히 목격하는 예인데, 그중 일부는 마치 인과관계인 것처럼 착각하기도 합니다. 천둥이 치면 소나기가 온다고 생각하는 것도 마찬가지입니다. 소나기는 주로 적란운이라는 두꺼운 구름이 낄 때 주로 내립니다. 그런데 적란운이 생기면 구름과 땅 사이에 벼락이 치기 좋은 조건이 형성됩니다. 적란운이 생기는 것이 벼락이 치는 원인이면서 소나기가 오는 원인이기도 하니, 이 또한 동일한 원인에 의해 두 가지 현상이 나타나는 것이지요.

이런 상관관계는 과학에서 좋은 연구의 시발점이 되지만, 또 착각의 원인이기도 합니다. 대표적인 것이 흡연과 폐암의 관계입니다. 지금은 흡연이 폐암을 유발한다는 사실이 잘 알려져 있지만, 1970~1980년대만 하더라도 그렇지 않았습니다. 물론 당시에도 흡연이 호흡기에 좋지 않은 영향을 끼친다고 생각하는 사람이 많기는 했지요.

그러던 중 남편을 폐암으로 떠나보낸 사람이 법원에 담배회사를 고소합니다. 자기 남편이 폐암에 걸린 것은 흡연 때문인데, 담배회사는 담배를 피우면 폐암에 걸린다고 경고하지 않았다는 이유였지요. 이에 대해 담배회사는 흡연과 폐암은 관련이 없거나, 있다고 하더라도 그 관계가 명확하지 않다고 항변합니다.

양쪽 당사자의 주장을 입증하거나 반박하는 것은 당연히 과학의 몫이었습니다. 일단 상관관계를 밝히는 것부터 해야겠지요. 두 가지 방법이 있습니다. 우선 담배를 피우는 집단과 피우지 않는 집단의 폐암 발병자가 얼마나 되는지 조사하는 겁니다. 조사 결과를 보니, 담배를 피우는 이들이 그렇지 않은 이들보다 폐암에 걸린 비율이 높았습니다.

그렇다고 흡연과 폐암의 관계가 바로 입증된 것은 아닙니다. 다시 폐암에 걸린 사람 중 흡연자와 비흡연자 비율과 폐암에 걸리지 않은 사람 중 흡연자와 비흡연자 비율을 확인합니다. 그랬더니 폐암에 걸린 사람 중 흡연자의 비율이 폐암에 걸리지 않은 사람 중 흡연자의 비율보다 더 높은 것이 밝혀졌습니다. 이제 흡연과 폐암은 분명한 상관관계가 있다는 사실이 드러났습니다.

하지만 아직은 상관관계일 뿐입니다. 흡연이 폐암과 관계가 있다는 것이지, 흡연이 폐암의 원인이라고 확신하기에는 무리가 있습니다. 우연히 폐암에 걸린 사람 중에 흡연자가 많을 수도 있겠지만, 대규모 조사를 통해서 우연일 확률은 거의 없다는 것이 밝혀진 것에 불과합니다. 혹시나 담배 피우는 것을 좋아하는 유전자를 가진 사람, 즉 담배 냄새를 좋아하는 유전자를 가진 사람이 같은 유전자 때문에 폐암에 걸릴 확률이 높을 수도 있기 때문이지요.

좀 더 분명한 관계는 담배의 성분 분석과 폐암으로 죽은 사람의 폐를 해부한 결과를 통해서 밝혀집니다. 담배에는 타르라는 성분이 들어 있습니다. 타르는 다양한 화학물질의 복합체로 약 2,000종의 독성 화학물질이 포함됩니다. 그중 약 20종류가 발암물질임이 밝혀진 것이지요. 이를 통해 흡연은 폐암의 원인이라는 인과관계가 확인되면서 상관관계에서 인과관계로 변하게 됩니다.

그런데 이렇게 흡연이 폐암의 원인이라고 하면, 어떤 사람들은 "○○는 매일 담배를 피웠지만 90살까지 건강하게 살았는데?"라며 반문합니다. 이는 인과관계에 대한 오해 때문에 생겼습니다. 인과관계는 확률적으로 파악해야 합니다. 특히 물리학이나 화학은 그렇지 않지만, 생물학이나 의학은 확률적인 파악이 중요합니다.

예를 들어 콜레라에 걸렸을 경우 사망할 확률(치명률)이 30%라고 합니다. 불과 몇 년 전, 전 세계를 공포로 몰아넣은 코로나19의 치명률이 2% 정도였으니 그보다 15배나 높습니다. 하지만 이는 콜레라에 걸린 사람 10명 중 3명이 죽는다는 뜻이지, 모두 사망한다는 의미는 아닙니다.

흡연의 경우도 마찬가지입니다. 담배를 피운다고 해서 모두 폐암에 걸리는 것은 아닙니다. 하지만 폐암에 걸릴 확률이 피우지 않는 사람에 비해 훨씬 높아지고, 그 이유는 흡연 때문이라는 것이지요.

청개구리가 시끄럽게 울면
비가 오는 경우가 많습니다.
그렇다고 정말 개구리가 우는 것이
비가 오는 원인이라고
생각하지는 않으시죠?
이렇게 두 현상 중 하나가 원인이고,
다른 하나가 결과인 것은 아니지만
상당한 관련이 있을 때를
'상관관계'라고 이야기합니다.

이런 상관관계는
과학에서 좋은 연구의
시발점이 되지만,
또 착각의 원인이기도 합니다.

생각플러스
길고양이에 대한 과학적 분석

미진이는 오늘 평소보다 1시간 일찍 학교로 향했습니다. 아파트 정문을 나서는데 줄무늬 고양이 한 마리가 화단 턱에 앉아 늘어지게 하품을 하는 게 보이네요. "어머 귀여워"라고 혼잣말을 하면서 오늘 예감이 좋다고 생각한 미진입니다.

아파트 단지 끝 신호등을 지나 오른쪽으로 돌자 다시 까만 고양이가 우아한 걸음걸이로 미진이를 지나쳐 갑니다. "얘도 귀엽네"라며 작게 감탄을 하며 자꾸만 고양이를 뒤돌아보며 걷습니다. 5분쯤 지나 학교 담을 따라 걷는데, 이번엔 하얀 고양이가 담장 위에 앉아선 미진이를 내려다봅니다.

"전에는 일주일에 서너 번 정도 봤는데 오늘은 벌써 세 마리째네." 그러고 보니 며칠 전에도 등굣길에 고양이를 두 마리 봤던 게 떠오릅니다. 미진이가 보기에 동네 길고양이가 이전보다 늘어난 것 같습니다. 얼마 전 학교에서 길고양이 개체수 조절을 위해 TNR을 열심히 한다고 들었는데 개체수가 오히려 늘어나다니 별 효과가 없다고 생각합니다.

그런데 미진이의 생각이 과연 맞을까요? 과학적으로 생각하면 몇 가지 확인해야 할 부분이 있습니다. 먼저 미진이는 오늘 학교를 1시간 일찍 갔습니다. 평소보다 이른 시간이었으니 사람이 드물었겠죠. 길고양이는 아무래도 사람들 눈에 띄지 않길 바라지 않을까요? 그래서 사람이 드문 이른 아침에는 거리에 잘 나오지만, 사람들이 출근과 등교에 바쁜 시간이 되면 자연스레 자기 은신처에 가서 잘 보이지 않을 수도 있습니다.

혹은 우연히 오늘 그 시간에 길고양이들이 미진이가 다니는 길목에 있었을 수도 있습니다. 또는 마침 미진이가 학교로 나선 시간이 동네 캣맘이 길고양이에게 사료를 나누어 주는 시간이었을 수도 있습니다. 매일 같은 때에 먹이를 주면 그 시간에 맞춰 고양이들이 나타나게 마련이지요. 이것 말고도 다른 이유가 있을 수도 있습니다. 이렇게 오늘 미진이가 다른 때보다 더 많은 길고양이를 마주친 사실을 설명할 수 있는 다양한 가설이 있지요.

미진이의 추측대로 '길고양이가 증가했다'는 가설이 맞는지 확인하려면 이와 같은 다양한 이유들을 살펴봐야 합니다. 방법은 여러 가지가 있을 수 있겠지요. 시간대별로 미진이의 등굣길에 나타나는 고양이 개체수를 세어 볼 수도 있고, 길고양이에게 사료를 주는 이들에게 몇 시에 먹이를 주는지 확인할 수도 있습니다. 또 시간대별로 출몰하는 고양이 개체수를 하루만 확인할 게 아니라, 주중과 주말을 나눠 최소한 대여섯 번 이상 확인하는 것도 필요해 보입니다.

이렇게 하고도 남는 문제가 있습니다. 미진이는 길고

양이가 증가했다는 가정 아래, 길고양이 개체수 조절을 위한 TNR이 별 효과가 없다는 결론을 내렸습니다. 이 또한 사실일까요? 일단 길고양이가 정말 증가했는지 먼저 확인한 결과 실제로 늘어났다고 가정합시다. 그렇다면 이번에는 길고양이가 증가한 이유가 무엇인지 살펴봐야겠지요.

우선 TNR을 한다고는 했지만 모든 길고양이에게 하지는 않아서 중성화 수술을 받지 않은 고양이들이 번식했을 가능성이 있습니다. 이때는 어린 고양이의 개체수가 얼마나 증가했는지를 보면 확인할 수 있을 겁니다. 또는 미진이네 동네 사람이 집에서 기르던 고양이를 유기했을 수도 있습니다. 길고양이 같지 않게 털 관리가 잘 되어 있고 영양상태가 양호한 고양이가 얼마나 늘어났는지를 파악하면 이 질문에 대한 답을 찾을 수 있을 겁니다.

그리고 또 하나, 다른 동네의 고양이들이 이 지역으로 들어왔을 수도 있겠지요. 주위에 대규모 재개발 사업이 있었다면 그곳에 살던 고양이들이 터전을 잃어버리고 이 동네로 들어왔을 가능성이 높습니다. 이런 경우에는 원래 살던 길고양이와 어울리지 못하는 고양이 집단이 있는지 확인하면 됩니다.

이렇게 하나하나 따져 보아 길고양이가 증가한 이유가 모든 개체를 대상으로 중성화수술을 하지 않았기 때문이라면, 보다 적극적으로 TNR을 하는 것이 해결책이 될 겁니다. 하지만 다른 이유라면, TNR 자체가 잘 이루어지지 않은 결과가 아니니 다른 해결책이 필요해 보입니다.

이는 실제로 TNR을 실시하는 시민단체와 지자체에서 조사한 결과입니다. 실제 조사를 통해 확인한 결과 TNR을 적극적으로 실시했는데도 길고양이 개체수가 증가하는 경우는 대부분 두 번째 가정에서 유기된 고양이와, 세 번째 다른 지역의 고양이가 유입되었기 때문입니다. 이렇듯 실생활에서 나타나는 문제를 파악하고 해결책을 만드는 과정에서도 다양한 가능성을 항상 고려하면서 사고하는 과학적 방법론이 중요한 역할을 합니다.

이렇듯 진짜 원인은 딴 곳에 있는데 대충 추측해서 다른 것을 원인으로 여기면 문제를 해결하기 힘들어집니다. 이는 과학에서만이 아니라 사회 문제에서도 마찬가지입니다. 촉법소년 범죄 문제도 그중 하나일 수 있습니다.

통계를 보면 촉법 소년의 범죄율은 계속 높아지고 있습니다. 이 문제를 해결하기 위해 누군가는 촉법소년 연령을 내려야 한다고 주장하고, 또 다른 이는 그런 방법으로는 해결되지 않을 거라고 합니다. 그런데 이 두 주장은 촉법소년 범죄율이 증가하는 원인에 대해선 이야기하지 않습니다. 원인을 모르는데 문제가 해결될까요? 또 과연 이 문제의 원인은 무엇일까요?

오류가 생기는 원인

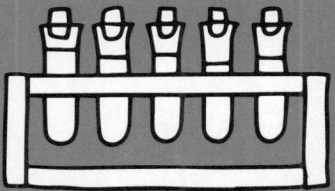

틀릴 수 있는 주장을
하는 것이 과학이다.

개인 경험의 일반화

학교에 가려는데, 엄마가 일기예보에서 비 온다고 했다며 우산을 가져가라 말씀하십니다. 창문 너머로 하늘을 보니 구름이 약간 있지만 비가 올 것 같진 않습니다. 엄마에게 비가 안 올 것 같다고 이야기하고 그냥 나옵니다. 그런데 점심 먹고 나서 먹구름이 몰려오더니, 하교 시간이 다 되어서 갑자기 비가 억수같이 퍼붓는 겁니다.

다들 한 번쯤 이런 경험이 있지 않나요? '분명히 이럴 거야'라고 생각했는데, 실제 결과는 전혀 다르게 나오는 경험 말이지요. 이런 예측 실패는 어쩔 수 없을 때도 있지만 피할 수 있는 경우도 많습니다. 어떻게 피하냐고요? 과학적으로 생각하는 방법으로요!

예를 하나 들어 볼게요. 우리나라 사람들은 날씨가 서쪽에서부터 동쪽으로 변한다고 생각합니다. 비가 올 때도 인천이나 서산, 목포에 먼저 내리고 서울이나 대전, 광주로 이어진 다음, 강원도나 경상도 쪽에 비가 오는 거죠. 태풍도 서해안에 먼저 불어닥치고 내륙지방으로 이어집니다. 이런 경험들이 있어서 날씨를 가늠하려면 우선 서쪽 하늘을 보죠. 그래서 속담에서 저녁 노을이 지면 다음 날 비가 온다고 합니다. 서쪽에 지는 노을이 진하면 서쪽 하늘에 수증기가 많은 것인데, 그 공기층이 동쪽으로 이동하면서 비가 오는 경우가 잦아서 만들어진 속담이지요.

이렇게 우리나라 날씨가 서쪽에서 동쪽으로 변화하는 이유는 우리나라가 편서풍대에 속하기 때문입니다. 즉, 바람의 방향이 주로 서쪽에서 동쪽으로 부는 온대지방의 특성이지요. 하지만 아열대나 열대 지역으로 가면 상황이 달라집니다. 여기에서는 무역풍이 북동에서 남서 방향으로 붑니다. 여기 사는 사람들은 날씨가 동쪽에서 서쪽으로 변한다고 여깁니다.

태풍도 마찬가지입니다. 우리나라에서는 편서풍의 영향으로 태풍이 남서쪽에서 북동 방향으로 이동하지만, 베트남이나 필리핀 등에선 남동쪽에서 발생한 태풍이 북서 방향으로 움직입니다. 그래서 태풍 피해가 주로 동쪽 해안지방에서 많이 발생하지요.

또 우리는 대부분 휴대폰을 가지고 있습니다. 그래서 친구들과 연락할 때 전화를 걸거나 SNS 등을 이용합니다. 밤 늦게든 새벽이든 친구가 자고 있거나 폰이 꺼져 있지만 않으면 어떻게든 연락이 되지요. 새로 친구를 사귀게 되면 가장 먼저 하는 일이 서로의 휴대폰에 연락처를 저장하고 SNS 주소를 등록하는 일일 겁니다.

하지만 제가 20대일 때는 상황이 전혀 달랐습니다. 휴대폰은 없었고, 각자 집에 전화가 한 대 정도 있거나 없는 경우도 꽤 되었습니다. 대학 때 사귀던 여자친구는 다른 대학을 다니고 있었는데, 만나서 놀다 헤어질 때면 다음에 언제 어디서 만날지 미리 정해야 했습니다. 전화 통화가 어려우니 편지로 연락할 수밖에 없었고, 당연히 시간이 아주 오래 걸렸거든요. 우선 제가 만날 수 있는 시간과 장소를 여러 개 정해서 그 친구가 다니는 대학의 학과로 편지를 보냅니다. 한 3일 걸리지요. 그 친구가 그중 하나를 골라 다시 제 대학의 학과로 답장을 보냅니다. 여기까지 거의 일주일입니다.

이렇게 하고도 만약 둘 중 하나가 그 시간에 나가지 못할 상황이 되면 어떻게 해야 할까요? 그럴 때를 대비해서 만날 장소(대부분 커피숍이나 서점)의 전화번호를 미리 가지고 있다가, 그곳에 전화를 걸어 메모를 전해 달라고 부탁해야 했습니다. 지금으로선 상상도 못할 일이지요.

이렇듯 각 개인의 경험은 자기가 사는 장소와 시간대라는 특수한 상황에 의해 만들어지지만, 우리는 이것을 일반적이라고 느낍니다. 다른 사람도 당연히 그럴 거라고 생각한다는 것이지요. 이렇게 특수한 경험을 일반화하는 것을 '일반화의 오류'라고 합니다. 그나마 앞서 든 예처럼 같은 시대, 같은 지역에 살면 공통적으로 느끼는 바가 있지만, 그렇지 않은 일반화의 오류도 상당히 많습니다. 예를 들어 '이슬람은 테러리스트다'라는 명제를 생각해 봅시다. 많은 사람들이 이 명제에 대해 이렇게 말합니다.

"에이 이슬람교도들이 다 테러리스트는 아니지."
"하지만 이슬람 사람들이 테러를 많이 하는 건 사실이잖아. 테러리스트 대부분이 이슬람들이라고."

이런 생각은 우리나라만이 아니라 서구에도 많이 퍼져 있지요. 그리고 이런 생각은 이슬람 사람에 대한 혐오와 차별로 이어지게 됩니다. 하지만 잘 살펴보면 이는 완전히 틀린 생각입니다. 다른 생각이 아니라 틀린 생각이지요. 21세기에 들어서 테러를 일으키는 주된 이슬람 세력은 IS입니다. 그런데 IS 조직원뿐만 아니라 이들의 생각에 동조하는 이슬람 사람들을 모두 모아도 전체 이슬람의 불과 0.01%에 불과합니다. 1만 명당 1명인 거죠. 그러니 이슬람교를 믿는 이들이 테러를 많이 한다는 건 억측에 불과합니다.

또 하나, 2001년 911 사건 이후 테러의 대명사로 이슬람 근본주의 세력이 떠오르지만, 20세기 역사를 보면 이슬람 근본주의자들이 저지른 테러는 거의 없습니다. 우리나라만 하더라도 해방 이후 극우들의 테러가 기승을 부렸지요. 서북청년단의 테러 활동이 대표적이었습니다. 제주 4.3 사건도 일종의 극우 테러로 볼 수 있습니다. 특히 6.25전쟁 전후로 많이 일어났습니다. 인종차별에 의한 테러도 있습니다. 미국 백인 우월단체 KKK단[6]의 흑인에 대한 테러입니다. 20세기 테러의 또 다른 유형은 극좌 세력에 의한 것으로 일본의 적군파, 독일의 바더 마인호프 등이 대표적이지요.

또한 2020년대에 들어서면서 미국과 중국의 갈등이 심해지자 미국에서는 중국인과 동양인에 대한 테러도

---

[6] ku klux klan의 약자로 백인 우월주의, 반유대주의 극우집단으로 주된 활동은 흑인에 대한 폭행 및 살인 그리고 흑인 인권운동 방해였습니다. 심지어 흑인 인권 운동에 지지를 보내는 백인들에게도 폭행을 가했습니다.

일어나고 있습니다. 아프리카에서는 부족 간 내전에 의한 테러도 심각한 상황입니다. 이외에도 여러 유형의 테러가 일어나고 있습니다. 미국에선 낙태에 반대하는 기독교 근본주의자들이 낙태 시술을 하는 산부인과 의사들에게 테러를 자행하기도 합니다.

그런가 하면 기업의 노동자 테러도 있습니다. 1989년 울산 현대중공업에서는 파업 중인 노동자들에게 회사 경비대가 식칼을 휘둘러 중상을 입히기도 했고, 2011년 유성기업에서는 사측에서 용역 깡패를 동원해 공장에서 농성 중이던 노조원들을 폭행하는 사건이 일어나기도 했습니다. 사망 사건에 이르는 경우는 거의 없었지만, 노조원을 대상으로 한 기업의 테러는 20세기 후반에서 21세기까지 꾸준히 이어지고 있습니다.

이렇게 정리를 해보면 테러=이슬람 혹은 이슬람=테러라는 공식은 사실 아무 근거가 없다는 사실을 확인할 수 있습니다. 물론 이런 공식이 만들어진 배경에는 편협한 시각으로 테러를 보는 서구 유럽과 이들의 논리를 그대로 보도하는 언론의 문제도 있을 것입니다. 하지만 앞서 이야기한 것처럼 자신이 경험한 것을 일반화하는 오류가 근본적인 원인이겠지요.

각 개인의 경험은
자기가 사는 장소와 시간대라는
특수한 상황에 의해 만들어지지만,
우리는 이것을
일반적이라고 느낍니다.
다른 사람도 당연히
그럴 거라고 생각하지요.
이렇게 특수한 경험을
일반화하는 것을
'일반화의 오류'라고 합니다.

상관관계의 오해

인터넷 세상에는 흥미로운 이야기들이 많습니다. 어느 사회학자가 여러 통계를 조사하다가 아이스크림이 많이 팔릴수록 물에 빠져 죽는 사람의 수도 늘어난다는 걸 발견합니다. 아이스크림을 먹고 수영을 하다 배탈이 나서 그럴까요? 우리 모두 정답이 아니란 걸 알 거예요. 날이 더울수록 아이스크림을 많이 먹게 마련이고, 또 수영하는 사람이 늘게 마련이잖아요. 수영하는 사람이 많을수록 익사자가 늘어날 수밖에 없지요. 결국 아이스크림 매출량과 익사자 수는 같은 원인, 즉 높은 기온과 관련이 있고, 둘 사이에는 아무런 관련이 없습니다.

이렇게 통계적으로 한쪽이 증가할 때 다른 쪽이 증

가하거나 감소하는 경향이 뚜렷한 경우 우리는 둘 사이에 상관관계가 있다고 말합니다. 이때 상관관계는 한쪽이 다른 쪽의 원인일 수도 있지만, 그와 별개로 제3의 원인이 있는 경우도 있습니다.

아이스크림 매출과 익사자의 상관관계는 조금만 생각해도 원인을 알 수 있지만, 그렇지 않은 경우도 많습니다. 이럴 때 오해나 억측이 생기기 마련입니다. 과학에서도 그런 예를 찾아볼 수 있지요. 여기 곤충을 관찰하는 생물학자가 있습니다. 그가 2월부터 4월까지 각 달마다 활동하는 곤충의 크기를 관찰한 결과 2월보다는 3월, 3월보다는 4월에 활동하는 곤충의 크기가 더 컸습니다. 그는 날이 따뜻해질수록 곤충의 크기가 커지는 것을 확인하고 다음과 같은 가설을 세웁니다.

'날이 따뜻할수록 활동하는 곤충 개체의 크기가 커진다. 따뜻하면 체온을 유지하는 데 유리하고, 따라서 개체가 체온 유지에 에너지를 덜 쓰기 때문에 성장에 더 유리하다.'

이 가설은 맞는 걸까요? 다른 곤충학자가 이의를 제기합니다. 곤충은 크기가 클수록 체온 유지에 유리합니다. 따라서 추울수록 크기가 큰 것이 오히려 유리하지요. 그렇다면 2월의 곤충이 3월이나 4월의 곤충보다 크기가 작은 이유는 뭘까요? 2월에 피는 꽃의 크기가 작기 때문입니다. 2월에 피는 꽃은 잎보다 먼저 피는 경우가 많습니다. 잎이 없어 광합성을 할 수 없으니 영양분이 충분하지 않아 꽃의 크기가 작은 것이지요. 이런 꽃에서 꿀을 얻기 위해선 곤충도 크기가 작은 편이 유리합니다. 그래서 2월의 곤충은 크기가 작은 것이지요.

이 경우 2월에서 4월 사이 기온과 곤충의 크기는 인과관계가 있는 듯이 보이지만, 사실은 기온이 낮아 광합성이 활발하지 않은 시기라 잎이 충분하지 않고, 따라서 꽃의 크기가 작은 것이 곤충의 크기에 영향을 미친 것이라고 다른 가설을 내세우게 됩니다.

그렇다면 이 가설은 맞을까요? 그렇지 않을 가능성이 높습니다. 일단 2월에 피는 꽃 중에는 매화나 벚꽃처럼 꽃이 제법 큰 종류도 있거든요. 2월에 주로 활동하는 곤충들의 크기가 작은 건 천적과의 연관성 때문일 수도 있습니다. 혹은 단지 우연일 수도 있겠지요. 이렇듯 상관관계는 당연히 인과관계가 아니지만, 자세히 살피지 않으면 인과관계로 오해할 가능성이 높습니다.

이런 상황은 사회현상에 대한 설명에서도 자주 나타납니다. 예를 들어 총으로 다른 게이머를 쏘는 FPS 게임이 유행하자 "폭력적인 게임을 하는 아이들이 폭력적인 경향이 많다"는 뉴스가 나와 많은 부모님들이 걱정을 합니다. 그런데 저 문장에서 '폭력적인 게임을 하는 것'이 '아이를 폭력적으로 만든다'는 선후관계 혹은 인과관계를 의미하진 않습니다.

이전에는 "폭력적인 동영상을 많이 보는 아이들이 폭력적인 경향이 있다"는 뉴스도 있었지요. 이 문장 또한 '폭력적인 동영상을 보는 것'이 '아이들을 폭력적으로 만든다'는 인과관계를 말하진 않습니다. 실제로 심리학자들 사이에서도 의견이 분분하고요.

저 두 문장이 사실이라고 하더라도 인과관계가 바로

성립하는 것은 아닙니다. 폭력적인 성향을 가진 아이들이 폭력적인 게임이나 동영상을 더 선호하는 경향이 있을 수도 있지요. 그렇다고 해도 폭력적인 게임이나 동영상을 보는 것은 일종의 결과이지 원인은 아닙니다. 물론 실제로 폭력적인 영상과 게임이 아이들을 폭력적으로 만드는 원인이 될 수도 있습니다.

반면 이런 동영상이나 게임이 아이들이 가진 폭력에 대한 욕망을 해소해서 일상생활에서의 폭력을 줄일 수 있다는 주장도 있습니다. 만약 이 주장이 맞다면, 이런 게임이나 동영상을 보는 걸 제한하는 것이 오히려 폭력 성향을 키울 수도 있을 겁니다.

또 다른 예들도 있습니다. 미국에서 흑인은 백인에 비해 범죄율이 높습니다. 이것을 가지고 '흑인'이 원인이고 '범죄율이 높음'을 결과라고 할 수 있을까요? 조사에 따르면 그렇지 않습니다. 미국에서 흑인은 백인보다 가난한 사람이 많습니다. 그리고 가난한 사람은 부자에 비해 범죄율이 높습니다. 다른 조사를 봤더니 백인도

가난한 사람은 범죄율이 높고, 흑인도 부자는 범죄율이 낮습니다. 이렇게 보면 가난이 원인이고, 흑인은 원인이 아닙니다. 그러나 이 결론 또한 잘못된 인과관계입니다. 조사를 해보니 복지혜택이 충분하고 치안이 잘 유지되는 지역은 가난하더라도 범죄율이 낮고, 그렇지 않은 지역은 범죄율이 높았던 것이지요.

이렇게 두 현상이 서로 얽혀 있을 때, 쉽게 하나를 다른 것의 원인이라 여기면 오히려 인과관계를 잘못 판단할 수 있습니다. 이런 경우 마치 원인과 결과처럼 보이는 현상의 연결이 결과적으로 오류로 밝혀지는 경우가 많습니다. 상관관계를 인과관계로 혼동하면 안 되는 이유지요.

통계적으로
한쪽이 증가할 때
다른 쪽이 증가하거나
감소하는 경향이 뚜렷한 경우
우리는 둘 사이에
상관관계가 있다고 말합니다.
이때 상관관계는 한쪽이
다른 쪽의 원인일 수도 있지만,
그와 별개로
제3의 원인이 있는
경우도 있습니다.

인과관계의 복잡함

어떤 일의 원인과 결과를 판단할 때 오류가 발생하는 또 다른 이유로 인과관계의 복잡함이 있습니다. 예를 들어 구름이 만들어지는 이유를 생각해 보죠. 구름이 만들어지는 것은 상승기류가 원인입니다. 공기가 올라가면서 기온이 낮아지고, 이에 따라 공기 중의 수증기가 물방울이 되거나 얼음 알갱이가 되면서 구름이 만들어지지요. 그런데 공기는 왜 상승하게 되는 걸까요?

여기에는 여러 가지 이유가 있습니다. 우선 지표면이 햇빛에 의해 달궈지는 경우입니다. 지표면의 온도가 올라가면 가까이 있던 공기층의 온도도 상승하고 부풀면서 가벼워집니다. 주변 공기보다 가벼우니 자연스레 위로 올라가는 거지요.

두 번째는 두 공기 덩어리(기단)가 서로 만나는 경우입니다. 온도가 낮은 공기 덩어리는 무거워서 아래로 내려가고, 온도가 높은 공기 덩어리는 상대적으로 가벼우니 올라갑니다. 이때 두 공기 덩어리 사이의 경계면에서 구름이 만들어지지요.

세 번째는 지형적 원인입니다. 어떤 공기 덩어리가 이동을 하다가 높은 산을 만나는 경우죠. 뒤에서 다른 공기 덩어리들이 계속 밀고 있으니, 산을 만난 공기 덩어리는 산을 타고 올라갑니다. 이런 경우에도 구름이 생길 수밖에 없습니다.

네 번째는 주변의 공기가 모여드는 경우입니다. 주변의 공기가 모여드니 가운데 있는 공기는 그 압박에 의해 올라가고 자연스레 구름이 만들어집니다.

이렇듯 과학을 공부하면 하나의 현상이 단 한 가지 원인으로 나타나는 게 아니라는 것을 배우게 됩니다.

또 다른 예를 들어 볼게요. 앞서 흡연과 폐암의 관계에 대해 이야기했습니다. 이 폐암에 대해서 좀 더 생각해 봅시다. 예를 들어 해롤드라는 사람이 40년 정도 담배를 피웠고 60대 중반에 폐암에 걸렸습니다. 이 사람은 담배회사가 흡연과 폐암의 관계에 대해 충분히 주의를 주지 않았고, 그래서 자신이 폐암에 걸렸다고 소송을 합니다.

재판에서 담배회사는 해롤드에게 폐암에 걸린 것이 담배 때문이라는 걸 증명하라고 요구합니다. 해롤드의 변호사는 과학적 조사를 통해 그걸 증명했다며 이야기합니다. 40년 간 담배를 피운 사람 1,000명과 담배를 피우지 않은 사람 1,000명을 조사했더니 폐암 발생률이 담배를 피운 집단에서 피우지 않은 집단보다 3배나 높았다는 거지요.

그러자 이번엔 담배회사가 역으로 조사한 결과를 제시합니다. 해롤드가 젊은 시절 탄광에서 20년간 일을 했다는 사실을 알고, 탄광에서 20년간 일한 사람 1,000명과 일반인 1,000명을 조사한 거죠. 그랬더니 탄광에서 일한 사람들의 폐암 발생률이 그렇지 않은 사람에 비해 3.5배가 높다는 결론이 나왔습니다. 담배 회사는 이를 근거로 해롤드의 폐암 발생 원인이 담배가 아니라 탄광에서 일했기 때문일 수도 있다고 주장하지요.

해롤드의 변호사는 다시 조사합니다. 이번에는 탄광에서 일한 사람 중 담배를 피운 사람 200명과 담배를 피우지 않은 사람 200명을 대상으로 합니다. 그랬더니 똑같이 탄광에서 일했지만 담배를 피운 사람이 그렇지 않은 사람에 비해 폐암에 걸린 비율이 2.5배 더 높았습니다. 변호사는 이를 근거로 다시 흡연이 폐암의 원인이라고 주장했지요.

재판부는 해롤드의 변호사에게 이런 조사가 흡연이 폐암의 원인일 수 있는 간접적 증거는 되지만, 보다 직접적인 증거가 필요하다고 요구합니다. 변호사는 해롤드가 폐암 수술을 할 때 제거한 한쪽 폐에 대해 조직검사를 실시합니다. 그랬더니 폐에서 아주 미세한 석탄가루와 담배를 피울 때 나오는 타르가 발견됩니다.

이런 재판은 실제로 미국에서 몇 번 이루어졌습니다. 결과적으로 흡연은 폐암의 가장 중요한 원인이긴 합니다. 흡연자는 비흡연자에 비해 폐암에 걸릴 위험이 15~80배까지 증가하니까요. 그리고 폐암에 걸린 사람들을 살펴보면 발병 원인의 80% 정도가 흡연이기도 합니다.

하지만 폐암이 발생하는 원인은 이것 말고도 있습니다. 앞서 이야기한 것처럼 탄광에서 일하는 사람도 폐암 유병률이 상당히 높습니다. 그리고 비흡연자도 폐암이 걸리는 경우가 꽤 있는데, 간접흡연이나 미세먼지 등이 발병 원인으로 언급됩니다. 특히 환기 시설이 제대로 갖추어지지 않은 장소에서 고온의 기름을 이용하여 요리를 하는 경우 폐암 발생 위험이 높아집니다.

이렇게 어떤 현상이 일어나는 원인은 여러 가지일 수 있습니다. 따라서 하나의 인과관계만을 가지고 사태를 판단하는 경우에는 오류를 범할 가능성이 높습니다. 어떤 결과에 영향을 미칠 수 있는 다양한 원인을 살펴야 하는 이유가 여기에 있습니다.

과학을 공부하면
하나의 현상이
단 한 가지 원인으로
나타나는 게 아니란 것을
배우게 됩니다.

어떤 현상이 일어나는 원인은
여러 가지일 수 있습니다.
따라서 하나의 인과관계만을
가지고 사태를 판단하는 경우에는
오류를 범할 가능성이 높습니다.

생각플러스
틀릴 수도 없는 주장

누군가가 "하나님은 나를 사랑한다"고 말했을 때, 그걸 과학적으로 증명하려고 하면 어떨까요? 증명하기 힘들겠지요. 우선 신이 존재하는지 아닌지를 과학적으로 증명하는 것도 불가능하지만, 신의 마음속을 들여다보는 것도 과학적으로는 불가능한 일이니까요. 이렇듯 틀릴 수 없는 주장이 있습니다. 이런 주장은 과학의 영역이 아니지요.

신약성서에 토마에 관한 일화가 있습니다. 예수님이 돌아가시고 난 뒤 부활했다는 소문이 제자들 사이에

퍼지기 시작합니다. 어떤 이들은 반신반의했지만 토마는 단호하게 말하지요.

"예수가 친히 내 눈앞에 나타나 십자가에 못 박힌 자국과 창에 찔린 자국을 보여 주기 전까지는 절대 믿을 수 없다." 며칠 뒤 예수님이 토마 앞에 나타나 자신의 상처를 확인시켜 주지요. 그리고 한마디 합니다.

"보지 않고 믿는 자가 진복자니라."

저는 이 장면이 종교와 과학을 구분할 수 있도록 일종의 선을 긋는 모습이라 여깁니다. 종교는 논리를 묻지 않습니다. 왜 하나님이 나를 사랑하냐고요? 그냥. 자신이 만든 피조물을 사랑하는 데 무슨 이유가 있겠습니까? 반대로 왜 신을 믿느냐는 질문에 여러분은 뭐라고 대답할까요? 다양한 이유를 이야기할 수 있겠지만 결국 내 마음이 신이 있다고 말한다고, 뭔가 이유를 말하기 전에 내가 이미 믿고 있었다는 대답이 정답 아닐까요?

과학은 불경하게도 증명을 요구합니다. 어떤 주장에

대해 그 주장이 틀린지 맞는지 확인하도록 요구하지요. 그런데 서두의 주장처럼 증명이 불가능하다면 애초에 과학적 판단을 할 수 없습니다. 맞는지 틀린지 알 수 없으니까요. 이를 과학에서는 '반증 가능성'이라고 합니다. 그리고 반증 가능성이 있어야 과학적 주장이라고 하지요. 결국 과학적 주장은 처음부터 틀릴 가능성을 가지고 있는 주장이라 볼 수 있습니다.

예를 들어 누군가가 "모든 백조는 희다"라고 주장했다고 가정해 봅시다. 이 주장은 반증 가능합니다. 세상의 모든 백조를 다 살펴보고 희지 않은 백조가 한 마리라도 있으면 틀린 주장이 됩니다. 반대로 정말 모든 백조가 희다면 맞는 주장입니다. 따라서 '모든 백조는 희다'는 맞는지 틀린지는 몰라도 '반증 가능성'이 있기에 과학적입니다.

반대로 사람을 속이는 경우에는 이런 틀릴 수도 없는 주장을 많이 하지요. 어떤 사람이 이렇게 말합니다. "내가 파는 약을 먹으면 무슨 병이든 낫는다. 다만 이

약을 먹으면 무조건 낫는다는 확신을 가지고 있어야 한다. 마음속에 조금이라도 의심이 있다면 낫지 않는다."

우리 모두 이 말을 헛소리라고 생각할 것입니다. 사람의 마음을 샅샅이 훑어서 의심이 있는지 없는지를 확인할 수 없으니 당연히 맞는지 틀린지 분간할 수 없습니다. 보통 사기꾼들은 이런 식으로 반증 가능성이 없는 말을 합니다. 이 틀릴 수도 없는 주장은 그래서 과학이 아닙니다.

여러분이 경험한 '틀릴 수도 없는 주장'에는 무엇이 있나요?

안다는 것

코만 보고 코끼리를
안다고 할 순 없다.

눈물을 안다?

과학적으로 무엇인가를 안다는 것은 어떤 의미일까요? 예를 들어 친한 친구가 갑자기 눈물을 주르륵 흘립니다. 생리학적으로 보면 눈물은 안구의 눈물샘에서 나오는 액체 상태의 분비물입니다. 안구 겉면의 이물질을 제거하고 라이소자임이나 루그더닌 같은 항생물질이 있어 바이러스와 세균을 차단하는 역할을 하지요. 눈물은 평소에도 지속적으로 나오지만 눈 아래 눈물주머니에 모여 코로 흘러 들어갑니다. 그래서 눈물이 흐르는 모습을 볼 수 없지요. 하지만 어떤 이유로 눈물의 분비량이 많아지면 눈물주머니가 차고 넘쳐 눈 아래 피부로 흘러내리는데, 이때 눈물이 흐른다고 이야기합니다.

이 정도 지식이면 눈물에 대해 안다고 할 수 있을까요? 눈물을 흘리는 친구에게 이야기하니 별로 납득하는 모습이 아닙니다. 좀 더 전문적인 내용이 필요합니다.

눈물은 크게 세 가지로 구분됩니다. 하나는 일상적으로 흘리는 기초눈물입니다. 각막이 건조해지지 않게 하고 먼지가 들어가지 않도록 하는 것이 주요 역할입니다. 물이 주성분이지만 그 외에도 뮤신, 지질, 라이소자임, 락토페린, 나트륨 등이 포함됩니다.

두 번째는 반사눈물입니다. 이물질에 의해 눈이 자극을 받으면 나오는 눈물이죠. 갑자기 찬바람이 각막에 닿거나 먼지가 들어가면 나옵니다. 또는 기침을 하거나 하품을 할 때 흘리는 눈물도 이런 종류입니다. 평소보다 많은 양의 눈물이 나오기 때문에 밖으로 흘러내리지요.

세 번째는 감정적 눈물입니다. 강한 스트레스, 즐거움, 분노, 애도, 정신적 육체적 고통으로 인해 급속히 눈물 분비량이 증가하는 경우입니다. 이런 눈물에는 단백질 호르몬인 프로락틴, 부신피질 자극호르몬, 류엔케팔린 등이 더 많이 들어 있습니다.

자, 이 정도면 눈물에 대해 아까보다 더 많이 아는 건 확실하지요. 하지만 친구는 눈물을 멈춘 채 '너 지금 무슨 말을 하고 있냐'는 표정을 짓고 있습니다. 그래서 이번에는 친구가 흘리는 눈물인 '감정적 눈물'에 대해 좀 더 자세히 이야기합니다. 대뇌의 변연계 그중에서도 시상하부는 자율신경을 통제하는데, 그중 부교감신경이 아세틸콜린 분비량을 늘리면 눈물샘에서 눈물 생성량이 많아진다고 말이지요. 그리고 이럴 때 흐르는 눈물의 류엔케팔린은 우리 몸 안에서 생산되는 강력한 진통제라서 고통을 줄여 주는 역할을 한다고 덧붙이지요. 친구는 '네 등짝을 한 대 때려 류엔케팔린이 나오게 해주고 싶다'는 표정을 짓습니다.

아주 옛날에는 눈물이 어떤 성분인지 알지 못했지만 어떤 상황에서 나오는지는 알고 있었습니다. 과학의 발달은 이제 눈물이 나오는 생리학적 원리와 그 성분이 무엇인지에 대해 답을 내놓고, 서로 다른 눈물이 어떤 작용을 하는지에 대해서도 어느 정도 파악하게 해주었습니다.

그런데 이런 정도로 우리가 눈물에 대해, 그리고 눈물이 흐르는 이유에 대해 다 안다고 말할 수 있을까요? 그렇지 않습니다. 윗글에서는 단순히 눈물샘에서 눈물이 나온다고 썼지만 눈물샘의 구조는 어떤지, 눈물을 생성하는 과정은 어떤지에 대해 하나도 이야기하지 않았지요. 그리고 또 하나 감정적 눈물이 나오려면 시상하부에서 눈물샘까지의 여러 작용이 있는데, 그 과정 또한 위에 서술한 것처럼 아세틸콜린 분비량이 늘어나서라고만 아는 것과 시상하부의 어느 지점에 어떤 자극이 가해질 때 이런 일이 일어나는지, 또 부신피질 호르몬 분비량이 증가하기 위해선 해당 세포에서 어떤 일들이 진행되는지에 대해 아는 것은 다른 일입니다. (다만 너무 복잡해서 자세한 설명은 생략합니다.)

여기서 끝이 아닙니다. 예를 들어 아세틸콜린이 분비되는 과정은 세포 내 여러 소기관이 관여합니다. 이때 세포 내 소기관에서 일어나는 화학적 변화는 어떻게 이루어지는지 또한 살펴봐야 합니다. 또 그런 변화를 일으키는 과정에서 관련된 분자들이 어떤 양자화학적 변화를 거치는지는 다른 문제가 됩니다. 분자 내 원자들의 결합구조와 전자구름이 만드는 일련의 변화에 대한 이해는 이제 생물학적 문제이면서 동시에 물리·화학적 이해가 결합되지요.

이렇게 무언가를 알고자 하면 자연스럽게 모르는 것이 더 늘어나는 것은 과학에선 아주 일반적인 일입니다. 흔히 농담으로 하는 말이 있지요. 대학교 생물학과에 입학하기 전에는 생물학만 몰랐지만, 생물학을 전공하면 생리학도 모르고 분류학도 모르고 진화학도, 분자생물학도, 분류학도 모르게 된다고 말이지요. 또 대학원에 진학하여 생리학을 연구하면 생리학만 모르는 것이 아니라 동물생리학도 모르고, 식물생리학도, 곤충생리학, 미생물생리학, 세포생리학, 전기생리학 등 모르는 생리학이 점점 늘어납니다. 박사가 되면 모르는 것은 더 늘어납니다.

무엇인가를 안다고 하는 것은 어쩌면 모르는 것이 늘어난다는 것과 동일한 의미일지 모릅니다. 예전에 어떤 유명한 야구 해설가가 방송에서 늘 "야구 몰라요"라고 말하곤 했는데, 이는 과학자들도 마찬가지입니다.

또 다른 농담으로 이런 이야기가 있습니다. 누군가가 SNS에서 물리학에 대해 한 마디하면 거기에 엄청 열띤 댓글을 다는 건 주로 물리학을 전공하는 대학생이고, 한두 마디 언급을 하는 건 석사 과정생, 아예 아무 말도 하지 않으면 박사 이상이라고요. 배움이 깊어질수록 모르는 것이 늘어나고 확신을 갖던 지식에 의심이 생기며, 자신의 지식이 미지의 영역에 비해 얼마나 작은지 알게 되기 때문이라고 볼 수 있겠네요.

그래서 과학의 발전은 이전에는 모르는지조차 몰랐던 것에 대해 무엇을 모르는지를 더 알아 가는 과정이라고도 할 수 있습니다.

과학적으로 무엇인가를
안다는 것은 어떤 의미일까요?

아주 옛날에는 눈물이
어떤 성분인지 알지 못했지만
어떤 상황에서 나오는지는
알고 있었습니다.
과학의 발달은 이제
눈물이 나오는 생리학적 원리와
그 성분이 무엇인지에 대해
답을 내놓고, 서로 다른 눈물이
어떤 작용을 하는지에 대해서도
어느 정도 파악하게 해주었습니다.

눈물을 안다는 건?

눈물에 대한 또 다른 지식을 이야기해 봅시다. 앞서의 글에서는 주로 눈물의 생리학적 영역을 다루었습니다. 이러한 지식은 눈물이 흐르는 직접적 원인과 그 과정을 이해하는 데 도움이 됩니다. 하지만 눈물에 대해서 우리가 알고자 하는 것이 생리학적인 것뿐일까요? 눈물은 원래 안구 바깥 부분이 건조해져서 갈라지는 것을 막고, 먼지 등에 상처를 입는 것을 방지하는 것이 주된 역할입니다. 거기에 면역과 관련된 기능이 추가된 것이지요.

그런데 왜 슬프거나 화가 나거나 기쁠 때 우린 눈물을 흘릴까요? 물론 앞에서 살펴본 것처럼 눈물에는 진통제 역할을 하는 성분이 들어 있으니 아플 때 눈물을 흘리는 것은 꽤 도움이 될 것 같습니다. 하지만 그것만으론 이유가 될 수 없겠지요. 진통제가 마음의 아픔을 어루만질 수 있는지는 잘 모르지만, 그것만이 눈물을 흘리는 이유는 아니라고 전문가들은 말합니다.

예전에는 인간만이 감정을 가지고 있다고 여기기도 했지만, 현재는 인간을 비롯한 꽤 많은 동물이 감정을 느끼며 다양한 방법으로 그 감정을 표현한다는 것을 압니다. 개가 반가울 때 꼬리를 흔드는 것이나, 고양이가 겁을 먹으면 하악대는 것도 그런 표현 중 하나지요.

슬플 때 우는 것도 마찬가지입니다. 주인을 잃은 강아지가, 가족을 잃은 코끼리가 울부짖는 모습은 인간이 우는 모습과 대단히 유사합니다. 그런데 아시나요? 다른 동물은 울 때 눈물을 흘리지 않습니다. 현재까지는 인간만이 유일하게 울 때 눈물을 흘리지요. 그럼 왜 인간은 슬플 때 혹은 감정이 격해졌을 때 눈물을 흘리도록 진화한 것일까요?

인간이 눈물을 흘리도록 진화한 이유에 대해서는 몇 가지 가설이 있습니다. 어떤 진화학자들은 눈물이 흐르는 것은 시야를 흐리게 하는 것이라 외부 공격에 취약함을 보여 준다고 합니다. 이는 천적을 상대할 때는 대단히 위험하지만, 집단 내의 다른 동료에게는 자신의 취약함을 드러냄으로써 복종을 나타낸다고 합니다. 마치 개가 자신의 가장 취약한 급소인 배를 드러내는 것으로 복종의 태도를 보이고, 나아가 상대에 대한 호의와 신뢰를 나타내는 것과 동일하다는 것이지요.

또 다른 이는 눈물을 흘리는 것은 인간이 같은 동료와 소통하는 가장 중요한 커뮤니케이션 수단이라고 이야기합니다. 인간이 직립보행을 하고 몸을 옷으로 감싸면서 감정을 나타내는 가장 중요한 부분이 얼굴이 되었다는 거지요. 그래서 다른 동물에 비해 얼굴을 통한 감정전달이 중요한데, 그중에서 눈물을 흘리는 것이 상대의 공감을 불러일으키는 주요한 수단이라는 겁니다. 특히 보호가 필요한 유아기에 눈물은 보호자의 보호본능을 자극해서 자신을 돌보게 했다는 거지요. 그리고 진화 과정에서 점차 나이가 들어도 이런 눈물을 보이는 행동을 함으로써 돌봄을 유도하게 되었다는 겁니다.

눈물을 흘리게끔 진화한 이유에 대한 이런 주장들은 아직 가설이긴 합니다. 완전히 증명된 건 아니라는 의미지요. 어찌 되었건 우리는 눈물이 처음부터 슬플 때 흘린 것이 아니라 진화의 산물이라는 것을 압니다. 이건 생리학적으로 눈물이 흐르는 과정에 대해 설명하는 것과는 전혀 다른 차원의 설명입니다.

여기에 눈물은 사회적 학습 과정이기도 합니다. 배우들이 연기를 하면서 눈물을 주르륵 흘리는 걸 보면 정말 대단해 보이지 않나요? 사방에서 카메라가 자신을 비추고, 동료 배우뿐만 아니라 여러 명의 스태프들과 같이 있는 공간에서 그렇게 짧은 시간에 감정을 잡고 눈물을 흘리는 것이 가능하다니요. 그들도 처음부터 그렇게 눈물을 잘 흘리지는 않았을 겁니다. 감정에 몰입하는 훈련도 하고, 다양한 연기를 배우면서 그렇게 되었겠지요.

또 다른 연구에서는 어릴 때 가정폭력에 피해를 입은 사람은 눈물을 잘 흘리지 않는다고 합니다. 어릴 때의 경험을 통해 눈물을 흘리는 대신 자신을 보호하기 위해 타인에게 감정을 드러내지 않는 방식으로 학습이 이루어진 것이지요.

남성이 여성보다 눈물을 덜 흘리는 이유도 이와 같은 학습 과정의 영향이라고 보는 연구자들도 있습니다. 물론 모든 남성이 모든 여성보다 눈물을 덜 흘리는 것은 아닙니다. 개인마다 차이가 크죠. 그러나 통계적으로 특정 상황에서 눈물을 흘리는 비율은 남성보다 여성이 더 높습니다. 이에 대해 연구자들은 진화 과정에서 상대적으로 열세에 있는 여성이 남성보다 보호를 필요로 하는 상황이 많아서라고 주장하기도 했습니다.

하지만 현재는 사회적으로 남성에게 감정 통제를 요구하는 압력이 크기 때문에 어려서부터 학습된 결과라고 보는 시각이 더 우세합니다. "남자가 칠칠맞게 눈물이나 흘리고 말야." 이런 이야기를 어려서부터 들으며 자랐기 때문이란 거죠. 또 여성이 타인에 대한 공감 능력이 더 뛰어나서 눈물을 많이 흘린다는 주장도 있습니다.

이렇듯 눈물을 흘린다는 것은 일종의 사회적 학습 과정이기도 한데, 이 또한 여러 가지 연구가 진행되면서 점점 관련 지식이 늘어나고 있습니다. 앞글에서 눈물을 흘리던 친구는 바로 이렇게 눈물에 대한 사회적 공감을 원했겠지요.

흔히 사람들은 사회적 현상이나 어떤 사람에 대해 여러 측면을 다 볼 수 있어야 입체적인 이해가 가능하다고 이야기합니다. 이는 과학에서도 마찬가지입니다. 방금 살펴본 것처럼 눈물을 흘리는 현상에 대해 제대로 알려면 생리학적 이해도 중요하고 진화적 측면도 파악해야 하며, 사회적 학습 과정에 대한 지식도 필수입니다. 아 물론 눈물을 흘리는 이에 대한 정서적 공감도 필요하겠고요.

왜 슬프거나
화가 나거나 아주 기쁠 때
우린 눈물을 흘리는 걸까요?

눈물을 흘린다는 것은
일종의 사회적 학습 과정이기도 한데,
이 또한 여러 가지 연구가
진행되면서 점점 관련 지식이
늘어나고 있습니다.
앞글에서 눈물을 흘리던 친구는
바로 이렇게 눈물에 대한
사회적 공감을 원했겠지요.

다양한 측면을 보는 훈련

이렇게 한 현상에 대해 다양한 측면을 고려해야 한다는 것은 단지 과학에서만 필요한 태도는 아닐 겁니다. 사회현상에 접근할 때도 마찬가지입니다. 노인 빈곤 문제를 한 번 살펴볼까요? 요즘 우리나라에서 가장 심각한 문제 중 하나가 노인 빈곤 문제입니다. 우리나라 전체 빈곤율은 14.9%인데, 노인 연령층에서는 40%로 OECD 1위입니다. 왜 이렇게 노인들의 빈곤율이 높을까요?

먼저 고령이라 일을 하지 않는 분들이 많기 때문이라는 생각이 떠오릅니다. 일을 하지 않으니 버는 돈이 없고, 자연히 빈곤층이 많을 수밖에 없다는 것이지요. 물론 이는 맞는 말입니다. 대부분의 나라에서 노인 빈곤율이 전체 빈곤율보다 높은 현실이 이를 뒷받침합니다.

하지만 이렇게 노인들이 일을 하지 않기 때문이라고 치부하기에는 문제가 있습니다. 가령 OECD 회원국의 평균 노인 빈곤율은 14.2%로 한국의 1/3 정도밖에 안 됩니다. 다른 나라 노인들은 다 일을 하는데 우리나라 노인들만 일을 하지 않을 리는 없잖아요? 실제로 노인들의 평균 은퇴연령을 보면 우리나라는 약 72세로 OECD 국가 중 가장 높은 편에 속합니다. 일을 하지 않는다는 것이 하나의 이유일 순 있지만, 이게 우리나라 노인만 유독 빈곤율이 높은 주된 이유는 아니라는 것이지요.

두 번째로 우리나라가 압축성장을 한 선진국이라는 것도 이유가 될 수 있습니다. 다른 나라는 선진국이 되기까지 100년 정도 걸렸고 선진국이 된 지도 한참 지났는데, 우리나라는 선진국이 된 지 불과 10년 조금 더 지났을 뿐입니다. 즉, 지금의 노인들이 한창 일할 때는 선진국이 아니었다는 말이지요. 그 당시 임금 수준은 지금보다 훨씬 낮았습니다.

게다가 선진국이 되기 전이니 복지 정책도 지금과 비교도 되지 않을 만큼 열악했습니다. 지금은 초중고가 모두 무상교육이지만, 당시에는 초등학교를 제외하면 모두 수업료를 내야 했습니다. 또 지금처럼 노인 복지 정책이 제대로 갖추어지지 않았기 때문에 부모를 부양하는 비용도 더 많이 들 수밖에 없었습니다. 버는 돈은 적은데 지출할 비용이 많으니 자신의 노후를 위해 저축을 하기가 쉽지 않았지요. 그래서 노인이 된 지금 가지고 있는 자산이 없으니 빈곤율이 높다고 볼 수 있습니다.

세 번째 이유는 현재 노인들이 받는 연금 액수도 적고, 연금을 받는 사람도 적기 때문입니다. 우리나라는 국민연금제도가 있습니다. 한창 일을 하는 시기에 매월 국민연금을 납부하면, 노인이 되었을 때 그에 해당하는 금액을 매달 받을 수 있지요. 다른 선진국들도 대부분

이런 연금제도가 있어서 노인들은 필요한 생활비의 대부분을 이것으로 충당합니다.

다른 선진국들은 지금의 노인들이 젊었을 때에도 선진국이었기에 꾸준히 연금을 납부했고, 노인이 되어서 상당한 액수의 연금을 받는 이들이 많습니다. 하지만 우리나라는 국민연금 제도를 20세기 후반에서야 시작했습니다. 게다가 초기에는 대기업 위주로 시작했기에 중소기업에 다니거나 자영업자는 연금을 넣기 힘들었지요. 살림을 도맡아했던 가정주부들은 거의 연금에 가입하지 않았습니다. 그러니 지금 노인들 중에서 특히 나이가 많은 분들과 여성은 연금을 받을 수 없는 경우가 많고, 받더라도 액수가 적을 수밖에요.

하지만 이것으로 모든 걸 설명할 수는 없습니다. 아이슬란드나 노르웨이, 덴마크 등 북유럽과 서유럽 국가의 노인 빈곤율은 불과 3~4%밖에 되지 않습니다. 우리나라의 1/10 수준이지요.

네 번째 이유는 노인들에 대한 복지 수준이 다른 선

진국보다 낮은 데 있습니다. 물론 우리나라도 21세기에 들어서면서 복지 예산을 계속 늘리고는 있습니다. 그런데 노인 인구가 증가하는 속도가 워낙 빠르니 예산이 증가해도 역부족입니다. 우리나라가 선진국이 되면서 나타나는 변화 중 하나가 평균 수명이 더 길어진 것입니다. 즉, 예전보다 더 오래 사는 것이죠. 그러니 노인 인구가 계속 증가합니다. 그래서 예산이 증가해도 1인당 돌아가는 금액은 별로 늘어나지 않는 것이지요

이렇게 노인 빈곤의 원인을 여러 측면에서 살펴보아야 노인 빈곤 문제를 제대로 이해할 수 있습니다. 또 대책을 올바로 세울 수 있겠지요. 현재의 노인들은 우리나라가 선진국이 되는 데 가장 큰 기여를 한 이들입니다. 하지만 선진국 이전 시대를 살아오면서 희생을 강요당한 측면도 큽니다. 결코 게으르거나 과소비를 한 것이 아니지요. 따라서 노인 빈곤 문제는 전적으로 개인에게 맡기는 것이 아니라 사회가 같이 책임질 문제라는 것이 명확합니다.

한 현상에 대해
다양한 측면을
고려해야 한다는 것은
단지 과학에서만 필요한 태도는
아닐 겁니다.
사회현상을 접근할 때도
마찬가지입니다.

생각플러스
기후위기의 다면적 모습

많은 사람들이 기후위기가 심각한 상황이라는 걸 알고, 이를 해결하기 위해 각자 자신의 위치에서 할 수 있는 일을 찾고 있습니다. 기후위기 강연을 갈 때마다 개인이 실천할 수 있는 방법이 뭐냐는 질문을 많이 받습니다. 저는 대중교통을 이용하는 것이 가장 효과적인 방법이고, 일회용품을 쓰지 않는 것이 두 번째로 효과가 큰 방법이라고 이야기합니다. 그리고 덧붙이는 이야기가 있습니다.

예를 들어 시민들 모두가 약간의 불편함을 감수하고 대중교통을 이용한다고 생각해 보죠. 그래서 대중교통

이용률이 이전에 비해 2배 정도 상승한다고 가정합시다. 어떤 일이 일어날까요?

우선 이미 차를 가지고 있는 사람들이 새 차를 사는 주기가 길어집니다. 차는 산 지 얼마나 되었는가가 아니라 얼마나 많이 이용했는가에 따라 교체가 결정됩니다. 대중교통을 많이 이용할수록 자가용 이용률이 낮아지므로, 원래 5년 타던 차를 한 8년 정도 탈 수 있게 되는 거죠. 그리고 새로 차를 사는 사람이 줄어듭니다. 대중교통을 주로 이용하면 자가용이 필요한 경우가 줄어들고, 차가 필요할 때는 렌트카를 사용하는 것이 오히려 경제적이니까요.

이렇게 되면 차가 덜 팔리게 됩니다. 자동차 생산량도 줄어듭니다. 자동차 회사는 대기업이니 어떻게든 버틸 수 있습니다. 그런데 자동차 회사에 부품을 공급하는 중소기업들은 어떻게 될까요? 부품 공급이 줄어드니 자연스레 노동자를 줄일 수밖에 없을 겁니다. 그런데 어떤 노동자를 먼저 줄일까요? 당연히 해고하기 쉬운 노동자를 먼저 줄입니다. 외국인 노동자, 비정규직 노동자 등이 정규직 노동자보다 먼저 해고당합니다.

또 하나 자가용 사용이 줄어들면 자동차 정비업소도 일거리가 줄어듭니다. 그중에서도 규모가 큰 정비업체보다는 노동자를 두세 명 정도 고용하는 작은 업체들이 먼저 타격을 입게 되겠지요. 자연히 문을 닫는 업체가 생기고, 문을 닫지 않더라도 노동자를 해고하는 곳이 많아질 겁니다. 주유소도 상황은 마찬가지입니다. 주유소에서 아르바이트를 하는 이들도 줄어들겠지요.

그럼에도 불구하고 대중교통을 지금보다 더 많이 이용하는 것은 바람직한 일이고, 앞으로 우리 사회가 나아가야 할 방향입니다. 기후위기 때문이기도 하지만 시민들의 이동권이 걸린 문제이기 때문입니다.

우리나라에는 자가용을 보유한 집이 전체 가구의 약 70% 정도 됩니다. 나머지 30%는 대중교통으로만 움직일 수 있습니다. 더구나 그 70%도 늘 자가용을 이용할 수 있는 건 아닙니다. 아버지가 차를 가지고 출근하면 어머니나 자녀들은 대중교통을 이용할 수밖에 없습니다. 청소년은 운전면허 자체가 없으니 대부분 대중교통을 이용해야 하지요.

또한 노인도 마찬가지입니다. 운전면허가 없는 대부분의 여성 노인은 대중교통만이 유일한 방법입니다. 장애인도 마찬가지죠. 이런 교통약자들을 위해서라도 대중교통이 지금보다 훨씬 더 많이, 편리하고 안전하게 갖추어지는 것이 당연합니다.

하지만 대중교통을 적극적으로 확대하는 것에는 또 다른 문제가 있습니다. 대중교통을 확대하려면 기반 시설이 있어야 합니다. 이용도가 낮은 노선도 운영하고, 지하철과 열차 노선을 새로 만들어야 합니다. 여러 방법이 있지만 결국 정부 예산이 필요합니다.

예산이 늘어나면 세금도 늘어야겠죠. 결국 시민들의 세금 부담이 커지게 됩니다. 가난한 사람들에게 세금을 더 내라고 할 순 없으니 부자들의 세금이 늘겠지요. 그런데 부자들은 대부분 자가용을 가지고 있습니다. 대중교통이 확대된다는 것은 반대로 자가용으로 다니기에는 불편해진다는 뜻입니다. 자기는 불편해지는데 세금도 더 내야 하니 불만이 생길 수밖에요.

그렇더라도 대중교통 위주로 교통 정책을 전환하는 것은 기후위기에 대응한다는 차원에서도, 시민들의 이동권 보장이라는 차원에서도 꼭 필요한 일입니다. 그렇다면 이렇게 복잡하게 얽힌 문제는 어떻게 풀어야 할까요? 여러분이라면 어떻게 이 문제를 해결하겠습니까?

과학이란 무엇일까

과학자에게 필요한 것은
조국이 아니라 윤리다.

과학은 중립이 아니다

흔히들 과학 지식은 가치 중립적이라고 합니다. 불교 경전에 "뱀이 마신 물은 독이 되지만 소가 마신 물은 우유가 된다"는 구절이 있습니다. 물은 스스로 무엇인가를 결정하지 않았습니다. 뱀과 소가 물을 마시고 독과 우유를 만들 때, 물은 그저 둘의 선택에 맡길 뿐이었지요.

이처럼 과학은 선한 것도 악한 것도 아니라고 많이들 이야기합니다. 그러므로 과학자의 연구와 과학적 발견은 좋은 것도 나쁜 것도 아니고, 누가 어떻게 이용하는가에 달린 문제라 말합니다. 이는 과학자에게 자신의 발견이나 발명이 가져올 사회적 반향에 대한 일종의 방어막 역할을 합니다. 그런데 과연 과학은 가치 중립적일까요?

19세기가 되기 전까지의 과학은 전반적으로 그러했습니다. 아직 과학이 공학과 만나기 전이었기 때문이지요. 19세기 이전에는 과학 지식이 사람들의 삶에 영향을 끼치는 기술에 응용되는 경우가 거의 없었습니다.

예를 들어 산업혁명 당시에 첨단 기술이었던 자동 방직기나 증기기관, 제련 기술 등은 과학과 무관하게 기술자들이 개발한 것들입니다. 망원경이나 현미경의 발전은 과학 지식을 높이는 데 많은 도움을 주었지만, 반대로 망원경과 현미경의 발전에 과학이 도움을 준 것은 별로 없었습니다. 당연히 과학자들이 새로 발견한 지식이 세상에 미치는 영향도 제한적이었습니다.

물론 새로운 과학적 발견은 당시 지식인들에게 세상을 바라보는 새로운 시각을 제시했고, 이에 따른 영향이 컸습니다. 뉴턴의 역학은 당시 유럽 사회의 계몽주의에 커다란 영향을 미쳤고, 다윈의 진화론 또한 마찬가지였습니다.

인문학자들은 과학의 발전에 놀랐고, 과학적 발견이 주는 철학적·인문학적 의미를 새롭게 고민했습니다. 하지만 이런 영향은 좋다 나쁘다 차원에서 이야기할 것은 아니었습니다. 인류 인식의 지평을 넓혔다는 측면에선 적극적으로 반겨야 할 일이었지요.

그러나 19세기 후반에 들어서면서 과학은 새로운 기술 개발의 중요한 밑받침이 됩니다. 예를 들어 19세기에 세상을 바꾼 기술로는 먼저 통신 혁명이 있습니다. 이전까지의 정보 전달은 사람이 직접 가서 전하거나, 아니면 봉화나 전신 등 사람이 볼 수 있는 거리에서 시각적 신호를 주는 것이 전부였지요. 부산항에 일본 군함이 나타났다는 정보를 서울에 전하려면 최소한 일주일이 걸렸습니다. 미국에서 일어난 사건이 유럽에 전달되려면 열흘이 넘게 걸리곤 했지요. 영국의 식민지였던 인도에서 발생한 일이 런던까지 전해지려면 한 달 가까이 걸렸습니다.

하지만 전신과 전화가 나오면서 미국에서 일어난 대공황이 단 몇 분 안에 런던에 전달될 수 있게 되었습니다. 런던, 파리, 뉴욕 등의 대도시에선 전 세계에서 일어나는 일이 순식간에 전달되었죠. 전자기학이라는 과학이론에 의해 탄생한 기술이 세상을 바꾼 예 중 하나입니다.

이뿐만이 아닙니다. 20세기 초 인구는 계속 늘어나는데 식량 생산은 그만큼 증가하지 못해서 식량난이 심각했습니다. 이 문제는 암모니아를 인공적으로 합성하는 기술이 개발되면서 해결할 수 있게 됩니다. 공장에서 합성비료를 생산할 수 있게 되면서 인류는 식량 위기에서 벗어납니다. 또한 석유를 원료로 하는 석유화학 공업의 발전은 목재나 천, 철, 돌 등 자연이 만든 재료가 아닌 플라스틱이라는 새로운 재료를 제공했고, 인류는 이전과 다른 편리한 생활을 누릴 수 있게 되었습니다.

이와 같은 암모니아 합성이나 석유화학 공업은 기본적으로 화학 발전이 뒷받침되어 가능했습니다. 화학의 발달은 화학공업의 발달로 이어지고, 이는 20세기 산업의 모습을 바꾸고 우리의 삶 또한 바꾸었습니다.

하지만 이 시기부터 과학이론에서 비롯된 기술은 전쟁무기로 이용되기 시작합니다. 합성된 암모니아가 화약의 원료가 된 것이지요. 화약이 대량 생산되면서 전쟁의 양상도 바뀌었습니다. 더구나 폭탄은 화학이론을 바탕으로 더 폭발력이 좋아지고 파괴력이 크게 발전합니다. 독가스도 사용됩니다. 전신이나 무전기 등의 발달은 군대와 전쟁에도 큰 영향을 주었지요.

제2차 세계대전 때는 핵폭탄이 일본의 두 도시를 초토화시켰습니다. 이 핵폭탄을 개발하기 위해 미국은 맨해튼 프로젝트를 진행했고, 수많은 과학자들이 참여하지요. 그 과학자들을 진두지휘했던 이는 미국의 물리학자 오펜하이머였습니다. 그의 일생을 그린 〈아메리칸 프로메테우스〉라는 영화가 2023년에 개봉되기도 했습니다. 오펜하이머는 이후 핵폭탄 개발을 후회하고 핵폭탄이 더 이상 사용되지 않도록 하기 위해 큰 힘을 쏟았습니다만, 그렇다고 핵폭탄을 개발한 원죄가 사라지진 않습니다.

이러한 전쟁무기 개발에서 이제 과학과 기술은 필수적인 부분입니다. 인공위성을 만드는 기술은 미사일을 만들고, 드론은 살상용 무기가 되고, 인공위성은 적군을 탐지하는 스파이 위성으로 활용되고 있습니다.

하지만 과학이 가치 중립적이지 않다는 것은 과학적 발견이 무기로 활용되기 때문만은 아닙니다. 스텔스 기술을 개발하는 연구에 대해 이야기해 볼까요? 연구자는 당연히 이 기술이 전투기나 탱크 등에 우선적으로 쓰인다는 것을 압니다. 이후에 다른 용도로도 사용될 수 있겠지만 그건 나중 이야기지요. 물론 연구자는 자기 나라에 대한 애국심에서 스텔스 기술을 개발하는 것에 자부심을 가질 수 있습니다.

하지만 아무 나라나 스텔스 기술을 쓸 수 있는 것은 아닙니다. 최소한 선진국이면서 강대국이라야 합니다. 전투기 한 대에 수천억 원씩 합니다. 그런 전투기를 수

십 대, 수백 대씩 사고 만들 수 있는 나라는 전 세계에 몇 되지 않습니다. 미국, 캐나다, 영국, 프랑스, 독일, 중국, 러시아, 일본, 한국, 인도 정도 되려나요? 어찌 되었건 이런 기술은 막대한 비용과 높은 과학기술을 가지고 있어야 가능하지요. 스텔스 기술은 그래서 강대국과 약소국 사이의 격차를 더 크게 만듭니다.

과연 이렇게 강대국은 더 강해지고 약소국은 더 약해지는 것이 바람직할까요? 만약 스텔스 기술을 연구하는 사람이라면 이런 문제에서 자유로울 수 없습니다. 물론 이렇게 군수 분야에 특화된 연구는 과학 전체에서 그리 많지 않습니다. 하지만 그렇지 않은 분야에서도 과학이 가치 중립적이라고 이야기할 수 없는 이유는 있습니다.

과학은 선한 것도 악한 것도 아니라고
많이들 이야기합니다.
그러므로 과학자의 연구와
과학적 발견은
좋은 것도 나쁜 것도 아니고,
누가 어떻게 이용하는가에
달린 문제라 말합니다.
이는 과학자에게는 자신의 발견 혹은
발명이 가져올 사회적 반향에 대한
일종의 방어막 역할을 합니다.
그런데 과연 과학은
가치 중립적일까요?

무엇을 연구할 것인지 누가 선택할까?

영화나 드라마에서 보면 과학자들은 실험실이나 연구실에서 혼자 아니면 한두 명의 조수와 함께 무언가 심오한 연구나 실험을 합니다. 하지만 과학은 이제 더 이상 혼자서 하는 일이 아닙니다.

혹시 뉴스에서 과학 이야기를 본 적이 있나요? 핵융합발전, 신물질 개발, 천문학 연구 등 다양한 과학 뉴스를 보면 그 연구에 참여한 사람이 한두 명이 아닌 걸 바로 알 수 있습니다. 과학자들이 쓴 논문을 보아도 저자가 한두 명이 아니라 적게는 대여섯 명, 많으면 수십 명에 이르는 걸 알 수 있습니다. 물론 논문을 주로 쓴 이들(제1저자)는 두세 명이지만, 실제 연구에 참여한 이들은 항상 여러 명이지요. 20세기 중후반 이후 과학의 특징은 팀을 이루어 연구를 한다는 것입니다.

그리고 하나 더 설명하면, 대부분의 연구는 짧은 시간 동안 이루어지지 않습니다. 최소한 1년이고 보통 몇 년, 길면 10년이 넘는 장기 연구과제들입니다. 결국 여러 사람이 몇 년에 걸쳐 팀을 이루어 진행하는 것이 현대의 과학입니다. 그러다 보니 많은 비용이 필요합니다. 대학 연구팀의 경우 연구팀을 이끄는 교수부터 박사후 과정, 박사 과정, 석사 과정에 있는 이들이 모여 있는데, 이들의 인건비를 누군가는 책임져야 하지요. 규모가 커지면 연구비는 몇 억이 아니라 몇십 억, 몇백 억을 넘어가기도 합니다.

과연 누가 이 비용을 책임질까요? 결국은 딱 두 곳입니다. 하나는 정부, 다른 하나는 기업이지요. 우리나라의 경우 연구개발비(Reserch and Development, R&D)의 70% 정도는 민간 기업에서 쓰고, 30% 정도는 정부 예산에서 씁니다. 뉴스에는 대학이나 정부 연구소 등이 주로 나오지만, 실제로는 민간기업 연구소에서 더 많은 연구가 이루어진다는 의미지요. 기업 연구소에서 일하는 과학자들은 당연히 기업의 목표에 따라 연구를 합니다. 삼성전자 연구소에선 차세대 반도체 개발과 관련된 연구를 할 것이고, LG에너지솔루션 연구소에선 전기차 배터리와 관련된 연구를 하겠지요.

그렇다면 중앙정부나 지방정부에서 관리하는 연구소(보통 정부출연 연구기관이 가장 많은데 줄여서 정출연이라 합니다)나 대학 연구소에 소속된 이들은 자유롭게 연구를 할 수 있을까요? 그렇지 않습니다. 일단 연구소나 대학 등 소속기관 전체의 목표가 있고, 그에 따른 팀의 목표가 있습니다. 물론 여기에는 보통 연구팀을 이끄는 이의 의지나 생각이 많이 반영되기는 하지요.

그런데 여기 가장 중요한 돈 문제가 있습니다. 앞서 이야기했던 것처럼 연구에는 돈이 필요한데 어디서 샘솟는 것이 아니라 '이런저런 연구를 하겠다'는 계획서를 제출해서 선정이 되어야 연구자금을 확보할 수 있습니다. 그래서 이공계 교수나 연구소 팀장들은 매년 과제 선정 기간이 되면 피가 마르는 것 같은 스트레스를 받는다고 합니다. 과제가 선정되어야 연구자금이 들어오고, 연구자금이 들어와야 팀원들의 인건비를 줄 수 있기 때문이지요. 문제는 연구 과제에 선정되려면 정부의 장단기 계획에 따른 일정한 기조에 맞아야 한다는 것입니다. 또 정부 과제만으로는 부족하니 민간 기업과도 협력을 합니다. 이 경우에도 민간 기업이 필요한 사항에 맞춰 과제가 선정되겠지요.

물론 이런 과제가 자신이 연구하고자 하는 분야와 일치한다면 좋겠지만, 항상 그런 것만은 아니지요. 연구실을 운영하기 위해서는 어떻게든 선정 가능성이 높은 과제를 우선적으로 생각할 수밖에 없습니다.

이런 실정이기 때문에 석사나 박사 과정에 있는 이들 또한 앞으로 어떤 분야를 연구할 것인가를 고민할 때 마음 가는 대로 무작정 선정할 순 없습니다. 정부나 사회, 민간 기업의 연구 수요가 많은 분야를 전공해야 이후의 연구인생이 순조로운 것을 아니까요. 박사를 받은 후 연구소에 취업하거나 교수가 되기 위해서도 정부나 기업이 관심을 갖는 분야를 연구하는 것이 유리하지요. 물론 이는 다른 분야도 마찬가지일 겁니다. 예술이든, 인문·사회 분야든 매한가지죠.

그런데 정부나 민간기업이 요구하는 분야는 사회적 요구에서 별로 떨어져 있지 않습니다. 예를 들어 지금 우리나라를 비롯해서 전 세계적으로 가장 절박한 과제는 기후위기를 어떻게 극복할 것이냐는 겁니다. 이에 맞춰 다양한 고민들이 있지요.

그중 하나가 기존 내연기관 자동차를 전기자동차로 바꾸는 겁니다. 그래서 전기자동차에 대한 사회적 수요가 늘어나죠. 정부도 전기자동차에 보조금을 주고, 충전기를 설치하는 등의 지원정책을 폅니다. 그렇게 되니 이제 전기자동차의 필수 부품인 배터리가 중요한 제품이 되었습니다. 전 세계 기업들이 이 분야에서 치열한 경쟁을 벌입니다. 그래서 해당 분야 기업들은 더 안전하고 효율적이며 생산 비용도 저렴한 배터리를 개발하는 데 열심입니다.

기업들만이 아니죠. 정부도 우리나라 기업이 배터리 분야에서 경쟁력을 가질 수 있도록 지원합니다. 이런 요구 때문에 과학자 중 해당 분야를 연구하는 이들이 늘어납니다. 리튬이온 배터리를 능가하는 차세대 배터리를 연구하는 것이죠. 어떤 이들은 나트륨 배터리를 연구하고, 또 다른 이들은 전고체 배터리를 연구합니다.

물론 배터리를 연구하는 것은 좋은 일입니다. 사회적 요구와도 들어맞지요. 연구자도 그 연구에 만족할 수 있습니다. 하지만 이제 연구의 주제를 정하는 주체가 과학자가 아니란 건 확실합니다. 실제로 우리나라에서 가장 많은 연구 비용이 지원되는 곳은 반도체, 디스플레이, 인공지능, 배터리 등 우리나라가 국가 경쟁력을 확보하고 경제성장을 이루기 위해 꼭 필요한 제품을 생산하는 데 필요한 기술을 개발하는 영역입니다. 아니 당연한 거 아니냐는 반문이 당연히 나옵니다.

그러나 조금만 시각을 바꿔 봅시다. 경제성장에는 크게 도움이 되지 않지만 사회적 약자를 위해 필요한 기술은 이런 과정에서 자연스레 연구비 지원이 끊기고, 연구하려는 사람도 없어집니다. 당장 돈이 되지 않는 기초 과학도 연구자가 줄어들지요.

기초 물리학, 기초 화학, 지질학, 기상학, 고인류학, 고생물학, 분류학 등 과학에는 당장 돈이 되지 않지만 인류 전체를 위해 꼭 필요한 다양한 분야들이 있습니다. 또 장애인 연구, 성소수자 문제 등에서도 과학이 해야 할 역할이 있지요. 이런 분야의 연구가 소홀한 데 따른 책임은 과연 누구에게 있을까요? 물론 정부의 책임도 당연히 있고, 정부의 정책에 대해 지적하고 비판해야 할 시민들의 책임도 있지만, 과학 그리고 과학자에게도 그 책임이 따르겠지요.

기초 물리학, 기초 화학,
지질학, 기상학, 고인류학,
고생물학, 분류학 등
과학에는 당장 돈이 되지 않지만
인류 전체를 위해 꼭 필요한
다양한 분야들이 있습니다.

이런 분야의 연구가
소홀한 데 따른 책임은
과연 누구에게 있을까요?

과학은 앞으로 나아가는 일

앞서의 두 글에서는 과학과 과학자의 윤리에 대해 생각해 보았습니다. 이번에는 그럼에도 불구하고 과학이 중요한 이유와 우리에게 꼭 필요한 이유에 대해 살펴보겠습니다.

그리스 신화에서는 인간의 역사를 다섯 시대로 나눕니다. 황금의 시대, 은의 시대, 청동의 시대, 영웅의 시대, 마지막으로 철의 시대지요. 이름에서 보이듯이 처음이 가장 멋진 시대이고, 뒤로 갈수록 나빠집니다. 중국의 경우도 비슷합니다. 가장 사람이 살기 좋았던 시기는 삼황오제가 다스리던 시기, 그중에서도 요순시대지요. 역사라기보다는 역사 이전에 존재했던 신화의 시기입니다. 그 외에도 아무 걱정 없이 풍요로운 삶을 살았던 무릉도원이나 엘도라도, 샹그릴라 등의 전설도 있습니다.

이렇게 신화를 바탕으로 한 소설이나 영화에서는 옛사람들이 만들었던 신기한 물건이나 비법을 찾는 것이 중요한 줄거리입니다. 가끔은 아주 옛날 지구에 찾아왔던 외계인이 남긴 유물이나 지식을 찾기도 하지요.

이런 이야기에는 옛사람들이 알았던 궁극의 비밀이나 지혜를 되찾는 모습이 자주 등장합니다. 신화 외에도 다양한 곳에서 이런 모습을 발견할 수 있습니다. 성경이나 코란, 불경 등에 담긴 궁극의 진리를 추구하는 종교에서도 볼 수 있고, 옛사람의 지혜를 되새기기 위해 도덕경이나 유교 서적 또는 다른 고전을 살피는 훈고학에서도 이런 모습을 볼 수 있지요. 물론 그런 고민과 연구, 사유도 중요합니다. 하지만 과학은 그와 정반대 방향을 바라봅니다.

과학은 옛사람들은 알았지만 지금 잊어버린 혹은 잃

어버린 걸 찾는 게 아니라 인류가 지금까지 쌓아 온 지식 위에 하나의 지식을 더 얹고, 이를 통해 인류 전체의 지식과 지혜를 더 키우는 일입니다. 그래서 과학은 뒤를 돌아보는 일이 아니라 앞을 보는 일입니다. 이미 알고 있던 지식을 뒤지는 것이 아니라, 아직 풀리지 않은 문제를 푸는 것이지요. 대표적인 예가 물리학입니다.

17세기 물리학은 두 가지 큰 발견을 합니다. 둘 다 뉴턴의 업적이지요. 하나는 우주의 궁극적인 힘인 중력입니다. 질량을 가진 두 물체는 둘 사이 거리의 제곱에 반비례하는 힘으로 서로 끌어당긴다는 걸 발견하지요. 이를 통해 왜 지구 위의 물체는 모두 아래로 떨어지려고 하는지, 지구와 다른 행성은 태양 주위를 공전하고 스스로는 자전을 하는지, 왜 별들은 서로 흩어지지 않고 모여서 성단과 은하를 이루는지를 알아냈습니다.

또 하나는 힘과 가속도의 법칙입니다. 모든 물체는 자신의 질량에 반비례하고 외부에서 작용하는 힘에 비례하는 가속도를 갖고, 외부의 힘이 없으면 원래의 운동 상태를 유지한다는 사실을 발견하면서 우리 주변에서 일어나는 다양한 운동에 대해 이해할 수 있게 되었습니다.

그 뒤 약 200년 동안은 뉴턴의 물리학을 보다 섬세하게 다듬어 여러 운동에 적용하는 것과 함께, 중력으로 설명할 수 없었던 전기와 자기에 대해 연구하는 시기였습니다. 여러 물리학자들의 노력에 힘입어 19세기가 되자, 드디어 전기와 자기를 통합한 전자기력을 완전히 설명할 수 있게 되었습니다. 이를 통해서 인류는 중력과 전자기력이라는 두 가지 힘이 우주의 가장 기본적인 힘이라는 것도 알게 되었지요. 그때까지 설명하기 힘들었던 빛의 정체에 대해서도 알 수 있게 되었고, 마찰력에 대한 이해도 높아졌습니다.

하지만 여전히 이해할 수 없는 것이 있었습니다. 이산화탄소라든가 물, 소금 등 다양한 물질을 만드는 기본적인 입자가 무엇인가, 혹은 그것이 실제로 존재하는가에 대한 질문이었지요. 하지만 이 또한 20세기 초에 원자와 전자, 원자핵을 발견하는 과정에서 해소됩니다. 이런 물질들 간의 결합 또한 전자기력이라는 힘에 의한 것이었지요. 사람들은 이제 우주를 완전히 이해할 수 있게 되었다고 믿었습니다.

하지만 기본적인 것은 이해할 수 있어도 세세한 부분을 완전히 설명할 수 있는 건 아니었습니다. 그런 세세한 문제가 여전히 물리학자들을 괴롭히면서 한편으로는 일거리를 주기도 했지요. 그리고 그렇게 사소한 문제라고 생각했던 것들을 설명하려고 노력하는 과정에서 상대성 이론과 양자역학이 탄생합니다.

상대성 이론은 중력에 대한 완전히 새로운 해석과 함께 어떠한 물질도 빛의 속도로 움직일 수 없다는 발견으로부터 기존의 뉴턴 역학을 완전히 새로 세웁니다. 양자역학은 우주의 궁극적인 힘이 중력과 전자기력만 있는 것이 아니라 강한 상호작용과 약한 상호작용이라는 두 힘이 더 있다는 걸 발견합니다. 또한 양성자와 중성자가 궁극의 입자가 아니라 그보다 훨씬 작은 쿼크라는 물질로 이루어졌고, 전자, 양성자, 중성자 외에 중성미자나 힉스 입자 등 더 많은 기본입자가 있다는 것도 알아냅니다.

이렇듯 물리학의 발전은 이전 이론에서 설명하지 못하는 현상을 설명하려는 노력을 통해 발전해 왔습니다. 아직도 물리학이 설명하지 못하는 현상들이 많이 있습니다. 은하는 왜 물리학자들의 예상보다 더 빠르게 자전하는가를 연구하다가 암흑물질이란 것이 존재한다는 사실을 알게 되었지만, 그 암흑물질이 무엇인지는 알지 못합니다. 우주의 팽창 속도가 예상했던 것보다 더 빠르다는 사실을 발견하고 그 원인으로 암흑에너지를 이야기하지만, 아직 그 정체를 정확히 밝히지는 못하고 있습니다.

그 외에도 아직은 사소하다고 생각되는 다양한 현상들이 발견되었으나 아직 설명되지 못하고 있습니다. 이런 설명하지 못하고 있는 일들을 고민하는 과정에서 물리학은 계속 발전할 것입니다.

과학은
옛사람들은 알았지만
지금 잊어버린 혹은 잃어버린 걸
찾는 게 아니라
인류가 지금까지 쌓아 온 지식 위에
하나의 지식을 더 얹고,
이를 통해 인류 전체의
지식과 지혜를 더 키우는 일입니다.
그래서 과학은
뒤를 돌아보는 일이 아니라
앞을 보는 일입니다.

생각플러스
절대적 진리가 있는지는 알 수 없지만

얼마 전 체기가 있어서 일찍 퇴근했습니다. 속이 메슥거리며 신물이 올라오고, 허리 통증도 있는 것이 체했을 때 나타나는 전형적인 증상이었습니다. 집에 가니 약을 먹었다고 해도 아내는 굳이 손을 내놓으라고 하더군요. 엄지와 검지 사이 움푹 들어간 곳을 눌러 주면 체기가 사라진다는 겁니다. 저는 '가정의 평화'를 위해 순순히 손을 내주었습니다. 사실 아내는 바늘로 손가락 끝이나 손톱 아래를 따고 싶은 눈치였지만 그건 절대 하고 싶지 않았지요.

그런데 이런 민간요법은 과연 효과가 있을까요? 사

람마다 다르게 이야기합니다. 누구는 그걸로 꽤 효과를 봤다고 하고, 다른 누구는 아무런 효과도 없다고 말이지요. 제게 묻는다면 "모른다"고 대답할 겁니다. 실제로 모르니까요. 자료를 찾아봤더니, 손끝을 따는 민간요법이 소화불량에 효과가 있는지 조사한 논문이 하나 정도는 있더군요. 그런데 그마저도 효과가 있는지 없는지 확신할 수 없다는 내용이었습니다.

사실 이것을 확인하기란 쉽지 않습니다. 손가락을 따거나 엄지와 검지 사이를 누르는 정도로 해결될 체기라면 사실 하루 정도 지나면 낫지 않을까요? 과학자가 조사를 하고 싶어도 대상자를 찾기가 쉽지 않습니다. 하지만 그보다 더 중요한 건, 그걸 연구해서 얻는 이익이 별로 없다는 것이지요.

물론 순수한 호기심으로 연구를 할 순 있지만 그걸 연구한다고 박사학위 논문이 되기도 쉽지 않고, 다른 과학자들이 그 논문을 인용할 것도 아닙니다(논문 인용횟수는 그 논문이 얼마나 가치가 있는지를 판단하는 하나의 척도 역할을 합니다). 결정적으로 과학자들에게 연구비를 대줄 이들에게 전혀 흥미를 끌지 못하기 때문입니다.

어떤 현상에 대한 연구를 하지 못하는 혹은 하지 않는 이유는 이 외에도 여러 가지가 있습니다. 연구를 위한 기술적 기반이 갖추어지지 않은 것도 대표적인 이유입니다. 예를 들어 물리학에는 '초끈 이론'이란 가설이 있습니다. 그런데 이 이론이 맞는지 틀린지 확인하려면 태양계만한 크기의 입자가속기로도 부족합니다. 그러니 아직은 그저 가설로 남아 있을 뿐이지요. 또 비용이 너무 많이 들어 엄두를 못내는 연구도 있습니다.

이런저런 이유를 꼽아 보지만, 사실 근본적으로는 현상을 연구할 과학자와 그에 필요한 자원이 유한한 데 반해 아직 그 인과관계가 밝혀지지 않은 현상이 너무 많기 때문일 겁니다. 유한한 인간이 무한한 우주의 현상을 연구하는 것에는 결국 한계가 있을 수밖에 없지요. 그래서 과학자들은 자기가 가장 잘할 수 있고 그 영향력이 크며, 연구에 필요한 자금을 확보하기 쉬운 연구를 우선적으로 할 수밖에 없습니다. 그러니 아직 밝혀지지 않은 현상들이 더 많을 수밖에 없지요.

더구나 현상에 대한 이유를 밝히면 그에 맞춰 더 많은 질문이 만들어지기도 합니다. 가령 처음에는 유전이 무엇인지도 몰랐습니다. 그걸 밝혀낸 것은 19세기가 되어서였죠. 하지만 당시에는 유전자가 구체적으로 어떤 물질인지는 알지 못했습니다. 20세기 중반이 되어서야 그 물질이 DNA라는 걸 알았지요.

그럼 궁금증이 완전히 해소되었을까요? 그렇지 않습니다. DNA 서열이 어떤 식으로 구성되는지, 각각의 DNA 서열이 전달하는 유전요소는 무엇인지는 아직도 완전히 밝혀지지 않았습니다. 그럼 이런 의문들이 해소되면 더 이상의 질문은 없을까요? 그렇지 않을 겁니다. DNA 서열이 의미하는 것이 하나씩 알려지게 되면, 이젠 그것과 관련된 새로운 질문이 만들어질 겁니다.

이렇게 하나의 질문에 과학이 답을 하면 그로부터 또 새로운 질문이 생기니 과학이 연구할 분야는 끊임

없이 늘어나기만 합니다. 결국 과학이 아무리 발전해도 우주의 모든 현상에 대해 완벽하게 그 원인을 설명하고, 앞으로의 모습을 예측하기란 불가능할 것입니다. 그래서 만약 우주를 지배하는 절대적 진리가 있다고 하더라도 우리 인간이 그것을 모두 알기란 불가능할 것이라 생각합니다.

과학자 중 꽤 많은 이들에게 과학은 저 깊은 곳에서 일어난 하나의 믿음이기도 합니다. 그 믿음은 '이 우주에는 어떤 절대적 진리 혹은 질서가 있다'는 것입니다. 즉, 우주는 우연에 의해 움직이는 것이 아니라는 것이지요. 반면 어떤 과학자들은 실제로 우주에는 절대적 진리가 없다고 말합니다. 다만 우리가 이제까지 경험한 현상들을 설명하기 위해 만들어진 인간에 의한 진리만 있다고 이야기하지요.

누가 맞는지는 모르지만 인간이 아무리 열심히 과학을 파고들어도 절대적 진리를 완전히 파악할 순 없습니다. 그렇다면 왜 우리는 과학을 하는 걸까요?

닫는 글

재현 가능성, 반증 가능성, 상관관계, 인과관계 등 낯설고 어려운 용어들도 등장하지만, 그래도 여기까지 열심히 다 읽은 여러분들 축하합니다.

세상에 대한 관심은 세심하게 살펴보는 것에서부터 시작하지요. 마찬가지로 이 책 역시 과학자들은 어떻게 사물을 관찰하는지에 대한 글로 시작합니다. 그리고 비슷한 사물이나 현상끼리 나누는 작업을 통해 사물들 사이의 본질적 차이를 구분하는 과정이 쉽지 않지만 중요하다는 것을 살펴보죠.
그리고 본격적인 과학적 방법론인 재현성과 반증 가

능성에 대해 살펴보면서 과학의 영역과 그렇지 않은 영역의 차이에 대해 고민하지요. 뒤이어 인과관계와 상관관계를 알아보면서 과연 과학적으로 생각하는 원인과 결과란 무엇인지 알아봅니다.

그 다음은 과학적 탐구의 다양성과 이런 다양성이 사회와 인간에게도 여전히 적용되는 측면임을 이야기합니다. 이를 통해 어떤 현상에 대해 다양한 측면에서 접근하는 것이 진실을 밝히는 데 필수적이란 점을 같이 느꼈으면 하는 바람이 있었습니다.

그리고 마지막으로 현대 과학이 지닌 윤리의 문제와 편향성, 그리고 절대 진리를 추구하지만 결코 절대 진리에 닿을 수 없는 한계에도 불구하고 과학이란 앞으로 나아가는 일이라는 점을 중요하게 이야기하고자 했습니다.

물론 이 책에서 다루지 못한 과학 자체에 대한 다양한 주제와 이야기들이 아직 많이 남았습니다만, 그건 다음으로 넘기도록 하지요. 한 번에 너무 많은 고민이

쌓이는 것도 소화불량을 일으킬 수 있으니까요.. 다만 이 책이 여러분이 과학적 방법론과 과학이라는 존재에 대해 좀 더 깊이 이해하는 계기가 된다면 좋겠습니다.

여는 글이나 닫는 글을 쓰는 건 작가인 저의 몫이지만 원고가 책이 되어 여러분을 만나기까지 무척 많은 분들의 도움이 있었습니다. 편집자와 디자이너, 인쇄노동자, 그리고 책의 유통을 책임지는 분들의 도움이 없었다면 이 책이 여러분께 닿기 힘들었을 겁니다. 그 모든 분들에게 감사드립니다. 그리고 제게 언제나 큰 힘이 되는 동반자 아내에게 특별한 감사의 뜻을 전합니다.

참고도서

과학기술학회 외, 『과학기술학의 세계』, 휴먼사이언스, 2014

박재용, 『과학 VS 과학』, 개마고원, 2021

박재용, 『웰컴 투 사이언스 월드』, 개마고원, 2023

이권우 외, 『우리에게 과학이란 무엇인가』, 사이언스북스, 2010

이중원 외, 『과학과 가치』, 이음, 2023

리처드 파인만, 『파인만의 과학이란 무엇인가』, 정무광·정재승 번역, 승산, 2008

버트런드 러셀, 『과학이란 무엇인가』, 장석봉 번역, 사회평론, 2021

부뤼노 라투르, 『브뤼노 라투르의 과학인문학 편지』, 이세진 번역, 사월의책, 2023

앨런 차머스, 『과학이란 무엇인가』, 신중섭·이상원 번역, 서광사, 2003

케빈 엘리엇, 『과학에서 가치란 무엇인가』, 김희봉 번역, 김영사, 2022

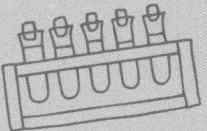